WORLD Chain Hotels

国际连锁酒店

丁方 ◎ 编

广西师范大学出版社
· 桂林 ·

国际连锁酒店

丁方 ◎ 编

广西师范大学出版社
·桂林·

图书在版编目(CIP)数据

国际连锁酒店／丁方编.—桂林:广西师范大学出版社,
2014.6
ISBN 978 - 7 - 5633 - 8726 - 7

Ⅰ.①国… Ⅱ.①丁… Ⅲ.①饭店-建筑设计
Ⅳ.①TU247.4

中国版本图书馆 CIP 数据核字(2014)第 086483 号

出 品 人:刘广汉
责任编辑:王晨晖
装帧设计:杨春玲
广西师范大学出版社出版发行

(广西桂林市中华路 22 号　　　　邮政编码:541001)
(网址:http://www.bbtpress.com)
出版人:何林夏
全国新华书店经销
销售热线:021 - 31260822 - 882/883
上海锦良印刷厂印刷
(上海市普陀区真南路 2548 号 6 号楼　邮政编码:200331)
开本:787mm×1194mm　　1/8
印张:60　　　　　字数:25 千字
2014 年 6 月第 1 版　　2014 年 6 月第 1 次印刷
定价:960.00 元

如发现印装质量问题,影响阅读,请与印刷单位联系调换。
(电话:021 - 56519605)

Preface | 序

酒店的连锁经营大多始于 20 世纪 40 年代。酒店，这个曾经仅仅令利用者得到短暂睡眠的商业空间如今的功能正在多样化，餐饮、游戏、娱乐、购物、商务中心、宴会及会议等设施，无外乎"以人为本"的核心。

如今的旅客既想住的品质有保证，又不想多掏钱，可谓精明；倡导廉政和节约风气之下的各大公司和政府部门也纷纷希望合理地减少差旅开销；大量高档酒店投资成本高而回报周期漫长的现实，以及开设低档酒店的竞争激烈，地价日益走高……都促使了酒店业主、住客不约而同地选择了占地面积有限、设计风格突出而建设成本有限的酒店。如何用有限的预算设计出符合时代潮流的酒店，成为当下设计师需要探索的问题。

在亚洲社会，设计师不但要设计得好，还必须设计得快。如何通过设计一家酒店获得业主和品牌的青睐，从而获得批量设计订单，最后形成设计师为某品牌打造的独特风格？在当下，批量设计显然是更经济的设计，它能提高业主和设计方沟通的效率，降低双方的成本，让业主的投资回报更大，也让设计师更有成就感！

本书所展现的酒店不分经营性质、等级、客房数量和规模。有些酒店虽然面积有限但一站式服务超便捷化，体现了朴素的设计理念和细致入微的人性关怀。有些酒店很注重环保节能，选用天然材质让客人获得身心平衡的感觉。有些酒店的客房借鉴了城市寓所的精巧设计，实现了对空间的最大化利用。

未来，中国二、三线城市新的酒店将层出不穷，中外酒店品牌将继续扩张其营业版图。酒店文化越来越受到客人的追捧，环保意识风起云涌，客房的创新也尽显高科技的踪迹……如何通过有效的设计，从实景图中获得灵感，从技术层面进行必要的提升和创新，使酒店更像流动的"家"？作为一名建筑和室内设计师，编辑此书，期望占用您不多的时间来阅读并以此获得更多灵感和启发。亚洲速度的设计运用到连锁酒店这个载体上，相信是一对完美组合。

丁方
2013 年 11 月

Contents | 目录

Langham Hospitality Group

Embassy Suites Hotels

Sorell

Fleming

Element

Four Points

Contents | 目录

Tokyo Hotels

Park Hotel Group

Hilton Garden Inn

Park Inn

Park Plaza

Oakwood

品牌介绍

如果一天给你25小时，那么多出这一个小时你会干什么？在哪里？

因为人生在这样的酒店中度过实在太美好了，24小时的现实太短暂，期望每天多一个小时的生活。这就是品牌起名为"25小时"的初衷。

25hours只是德国的小型酒店集团，却因为设计上的前卫和时尚，在欧洲享有极高的声誉。每一家25小时酒店都通过设计师丰富的想象力和特别的设计概念营造出一个精彩的故事。每家酒店都具备酒店本身应具备的功能，但不拘泥于传统酒店的种种格式。室内设计融合了众多设计师的心血，参照欢乐的折中主义和生动的复古美学，并且使用了很多的细节设计和精致的材料。通常，这些酒店的房间都设计时尚，有奇特的家具陈设、时尚的摆设装饰，漂亮别致、与众不同，且功能丰富。酒店的公共场所更是开派对的绝妙场所，透过种种软装装点出了每家酒店的不同主题：水手主题、牛仔主题、硬汉主题……

酒店地址 / Niddastrasse 58, 60329 Frankfurt am Main, Germany
连锁品牌 / 25hours
客房数量 / 76间（71间客房＋5间套房）
楼层总数 / 地面6层，地下1层
配套设施 / 会议室、餐厅、屋顶露台、音乐排练室
建筑设计 / Karl Dudler
室内设计 / Delphine Buhro, Michael Dreher

25hours Hotel by Levi's

里维斯25小时酒店

位置：法兰克福

里维斯25小时酒店坐落在法兰克福的商业中心区内，距离法兰克福中央车站有3分钟步行路程，距离法兰克福展销会场有10分钟。酒店位于25小时酒店总部和里维斯公司中间位置，于是跨界合作应运而生，设计师带给旅客们充满活力和休闲氛围的美好住宿环境。

主题：潮味性感，牛仔裤主题酒店

享受牛仔裤的潮味性感？喜欢自由不拘束的潮人们会爱上这里。在法兰克福中央车站的周边，各种酒店招牌随处可见。只有别具特色的酒店首先能抢占路人眼球。里维斯25小时酒店就是在这种思维下所形成的创意产物。

这里是企业长期展示产品的良好场所，除了展厅的功能外，同时满足人们入住、购买的需求。这种集展厅、酒店、商店于一身的销售方式在寸土寸金而人流量大的都市非常值得借鉴。

空间：美式诙谐、混搭、撞色

谁说牛仔只能代表西部狂野？牛仔还可以时尚、青春、朝气、活力、复古……蓝色牛仔可以演绎出空间的多重气质，由此家酒店可见全部风貌。

酒店是由一座办公大楼改建而来，直到今天仍保持着过去那种洁净和简约的外部风格。眼熟的构造与铬黄的色泽，小小的黑色标示，完全仿照运送牛仔裤的纸箱，绝对让你误以为是一家专门卖牛仔裤的Levi's店面，但其实，这是一家牛仔裤主题酒店！

走进酒店，相信Levi's的粉丝一定会尖叫不已：古董牛仔裤变身壁画？真是太神奇了！只有牛仔裤不足为奇，连牛仔靴都能和柱灯合体！墙面上贴满了历年Levi's的平面广告，很有划时代的感觉。楼梯间采用色彩丰富的大红色及其他亮色系，每个楼层均以20世纪的不同年代，如30年代到80年代作为装潢的主题。而走道则是用看起来像木纹但其实是面料材质的地毯铺设的。炫目的灯光照明，缤纷的色彩运用，形成一个丰富多彩的空间。在Check-in柜台前则有两张小椅子可以供客人稍作休息，完完全全是美式牛仔Levi's的风格。

举目可见的配色活泼大胆，许多陈列的细节不仅充满了Levi's的年轻精神，也可以看得到牛仔裤与历年来Levi's周边商品回收再利用的创意。酒店无处不Levi's！房间号码全部写在牛仔裤的"口袋"里。色彩缤纷的房间，说明了Levi's的轻摇滚精神：房间并没有特

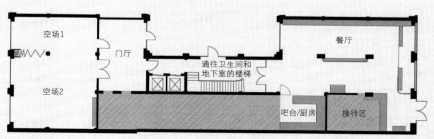

一层平面布置图

别的大套间，整体色调选用让人非常舒服的蓝色系：钴蓝、蔚蓝、靛蓝直到绿松石般的蓝绿色……摆设很多但让人觉得很沉稳。轻柔的羽毛枕跟羽毛被让睡眠倍添舒适感。

客房的隔音效果不错，进入客房前还会有厚重的门特别隔开，因此客人并不会听到一楼餐厅的嘈杂声以及楼道里穿高跟鞋的走路声、来自隔壁房间的音乐声等。另外，这里竟然像衣服一样，以S、M、L来作为单人、双人单床、双人双床等房型规格的代号，十分有趣。牛仔蓝浴室配有天然红石洗脸盆，撞色效果。没有浴缸，使用起来却简单舒适。洗手台选用的水槽太浅，水很容易溅出来。

时尚的Chez IMA餐厅装饰得沉稳、大气。特色菜包括热石烘烤的汉堡包。餐厅柜台后方的那片置物墙，是由许多瓷砖拼贴而成的。当天气暖和的时候，客人可以在酒店的屋顶露台上放松身心。

Gibson音乐排练室是这家四星级的Levi's酒店的另一特色，位于地下层。2间会议室分别为65平方米和35平方米，共可容纳约50人。

酒店地址 / Überseeallee 5, 20457 Hamburg, Germany
连锁品牌 / 25hours
客房数量 / 49间
楼层总数 / 7层
配套设施 / 健身房、桑拿房、餐厅兼酒吧、商务中心、会议室
室内设计 / Stephen Williams Associates, Eventlabs
建筑设计 / Böge Lindner Architekten
建筑总面积 / 7000平方米

25Hours Hotel Hafencity

汉堡港口新城25小时酒店

位置：汉堡

汉堡港口新城25小时酒店座落在德国汉堡海港新城，海港新城（HafenCity）是21世纪欧洲最大的开发项目，是为欧洲城市建设提供新的模式和标准的重要项目，更是一个多元化的社会需求来组建的、并承担汉堡未来城市梦想的项目。港口新城项目改造的理念是保留旧有的历史风貌，并赋予老城区新的形象与内涵，打造一个"让生活和工作更美好"的样板世界。这里无处不见节能环保、智能城区的影子。

主题：硬汉风格，水手的家

酒店的设计受到汉堡小说家Joachim Ringelnatz在1920年发表的经典作品的影响，以幽默讽刺的口吻描述了汉堡水手们的无政府生活状态。书中25名水手语言都非常真实，每个句子都源于传统。Ringelnatz在成为作家之前，曾经是一名在酒吧工作的水手。因此，他的故事成为汉堡港口新城25小时酒店的最佳脚本——讲述一个真正的水手的故事。

德国汉堡的25小时酒店是25小时酒店品牌在汉堡海港新城的首家酒店，也是品牌的第五家酒店。它的整体风格深受港口边人们生活方式的影响，你可以看到集装箱、港口酒吧等元素，酒店希望讲述一个真正的水手的故事，它也是专门为喜欢独特生活方式的人而设计的。

酒店外表看起来像是海港旁边的发货仓库。现代水手或者海员特色的设计在酒店内随处可见。保留历史与文化，凸显地区航运特色，该酒店的设计理念是在海港新城的中心为人们建一个全新的"起居

室"。建造港口新城的25小时酒店时，业主并不希望它太富有设计感，只是想还住客们一个昔日的水手梦。但是室内设计师和建筑师往往过于追求几何、结构和科技感。最终，设计师选用了汉堡本土的创造性思维团队合力打造空间，因为他们真正了解并能够体现汉堡的历史和文化。

空间：集装箱拼合而成的灵魂居所

酒店前台大量运用木质材料，天花裸露的管道和码头地面般的标示将工厂还原。卸载港口的黄色路标被运用到电梯和路面的装饰中。楼梯拐角的货架既提供了琳琅满目的百货服务，又起到屏风或隔断的作用。

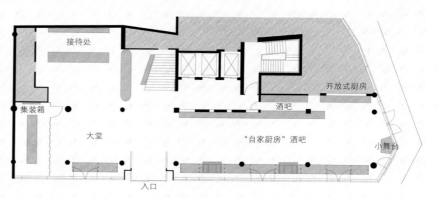

一层平面布置图（250平方米）

酒店一共有7层，每层都有不同的主题，49个客房的设计都完全不同，且都有自己独特的名字，每个房间更都有自己的主题颜色。将设计归位于原始，还生活以本来的面孔。很多家具都源于跳蚤市场，房间布置忠诚于最原始的水手生活，喷漆房门号，海蓝色墙壁，粗加工的褐色原木地板，墙壁上悬挂着的软梯，木制古董行李箱改装的写字台，甚至散发着暖黄色灯光的地球仪台灯，都让人恍然觉得自己置身于远洋海轮的客舱中。只要拉开窗帘，就能看到一片栖息着船只的海面。挑选古董家具和水手配饰来补充这个酒店客舱，床来源于卧铺，书架的设计源于软梯，房间的定制壁纸上附有改编的经典海员纹身艺术。用古董行李箱改造而成的写字台上，一本25小时酒店独有的航海日志，用德英双语讲述了25个水手周游列国真实的冒险故事。设计师心思细腻，细节处极具用心。搁在床头的毛绒小羊公仔和暖水袋，手绘插图的房间使用说明书增添了家的感觉，从而消除客人和水手之间的生活品质差异。半裸的金发美女正在脱掉最后一件贴身衣物，她的脚下是水手最爱的伏特加。美女、烈酒，这是在汉堡港口下船的水手们的最爱，催生了汉堡历史悠久且声名显赫的红灯区。

卫浴区域绘满整个墙的香艳漫画浓缩了昔日港口的夜生活景象。公共卫生间内，裸露的管道局部改造成洗手台，水闸代替了精致的龙头，一切看起来都是必需品，充分体现德式设计优先考虑功能的特点。

木地板的空间仿佛踩在甲板上，桑拿和健身房坐落在酒店屋顶上，这里提供了海港新城良好的景观。健身房的休息区墙壁就像集装箱壁一样，通过天窗提供充足的照明。这是一个特殊的空间，类似于"广播室"，计算机被放置在电话亭中；在"Club room"的休息室里可享受啤酒

和桌球游戏。大厅功能齐全的休息空间最受远道而来的客人喜爱，所有的东西都是设计师从古董市场淘回来的。北欧风格的桑拿室，鹅卵石铺就了整面墙，仿佛在诉说港口昔日的故事。蒸房也是用从码头拖回来的废旧集装箱改建而成。

宛若归家般的风格也从客房一路延续到餐厅。酒店主餐厅的名字是"HEIMAT Küche & Bar"，直译成中文就是"自家厨房"。悬挂在天花板上的船舱，厚厚的中东地毯垛成的软座，满满当当挤在一起的茶叶罐，像极了早晨未及收拾的家，稍显杂乱的座椅更像是一个水手食堂。从挑空的二楼俯瞰楼下餐厅，餐厅没有多余的装饰，墙壁的镜子正是轮船上的镜子，彩色货箱组合成餐边橱柜，细节之处可见设计功力。入夜后，餐厅就变身为水手们把酒言欢的酒吧。人们聚在这简洁的长条桌上，或在异域风味的地毯垛上把酒言欢。这里还有为情人特设的半开放式的橱窗包厢。你不需要担心是否要优雅的举止，不需要忧心种种的繁文缛节，这普通人享用的快乐，这贴近生活的浪漫，对北德人来说才是生活原本的样子。

大胆创新，实用为先。酒店的会议室用海港码头的集装箱改造而成，可以任意升降组装，装饰着渔网、贝壳、船锚，以此强调海港风情。在这里开会，绝对不会感到枯燥。设计师打破设计常规，放文件的抽屉用了农贸市场常用的塑料框替代，丰富了会议空间的色调。

豪华而富丽多彩，独立而简单自然。设计师像设计居所一样设计酒店。它不需要做表面功夫，也不会只有粗糙的构架，它们应该被称之为灵魂居所。

25Hours Hotel Number One

25小时汉堡1号酒店

位置：汉堡

25小时汉堡1号酒店为商务和休闲旅游游客而设计，坐落在汉堡阿尔托纳附近，靠近阿尔托纳博物馆、英泰竞技场和鱼市场，距离易北河1千米。附近的景点还包括哈根贝克动物园和圣米迦勒教堂。由于靠近巴伦菲尔德火车站、阿尔托纳火车站等景点，搭乘火车12分钟即可到达汉堡市中心，游客非常喜欢入住这家酒店。

主题：掌握设计重点，做好空间加、减法

令人吃惊的是，诱惑和活力是25小时汉堡1号酒店的设计理念。酒店提供复古风格的客房、潮流动感的屋顶露台和免费内部停车场。糖果般醒目的色彩和诱人的公共空间构成了这家酒店嬉闹、轻松和欢乐的气氛。如果说设计师在公共空间做足了文章，那么相比公共空间，私密空间则故意做了减法。作为私密空间的客房，室内设计只采用了图案丰富的墙纸。局部淡蓝、粉色调墙面涂料装饰着原本雪白的床具和四周裸露的混凝土色调。客房只有两种风格:酷感的淡蓝色和绿色空间，或者温暖且有触动感的洋红色和红色空间。设计绝妙的书桌既可以变成单个座位，也可以变成手提箱架。如果是全家入住，建议选择XL客房。

空间：不同人群需求不同的社交空间

公共区域总是浸泡在温暖的粉红色、红色和橙色等暖色调中，因为设计师期望通过暖色调增加人与人之间的亲切感。受到上世纪60年代和70年代潮流的启发，设计师用铬铁镜面黑柱分割前台和休息空间，采用金属材质突显围成圆形前台，顶部配两盏圆形灯，在整体粉色调的烘托下，配一辆自行车作为装置，青春气息逼人。这样的公共空间是为了鼓励年轻的客人认识与交流。

Esszimmer餐厅供应德国和意大利美食。实木长条桌椅，彩色灯具，独立座椅……总之选择很多。花朵造型主题的Wohnzimmer酒廊里，仿真假花、花朵图案布艺沙发、地毯等都呈橙色，非常搭调。一面粗糙墙壁内嵌壁炉，温暖而亲切。硕大而排列整齐的沙发非常适合独自来此放松身心。

而在天气晴好时，屋顶露台也会开放。如果你约上三五好友，请选择来这里。复古造型的屋顶露台，硬木地板上夸张的彩色造型椅子，带流苏的阳伞烘托出好莱坞度假般的休闲气氛，可以满足人们休闲和简餐等一切社交活动的需要。一副墨镜，一身休闲打扮，一杯鸡尾酒，伴随三五好友或者一条宠物狗……这里是美国大片的最佳出镜地。

不要以为会议室总会有死气沉沉、严肃不堪的气氛。25小时汉堡1号酒店的2间会议室共可容纳约50人。混凝土色调中夹杂着橙色软装（地毯、窗帘、灯具等），非常醒目。为了活跃严肃的会议室气氛，设计师还在每人的会议桌前以及地上，看似零散的放置了大小型号均相同的篮球。或许，在开会期间双方需要激烈辩论的时候，篮球这种道具能够帮助你有效推理。这种道具非常实用，也让人倍感轻松。

想要节省预算？请参考以上这个办法吧!混凝土本色空间，通过不同色调体现不同主题空间，用好廉价的小道具活跃气氛。时下的装饰，拥有良好的软装思路是关键。

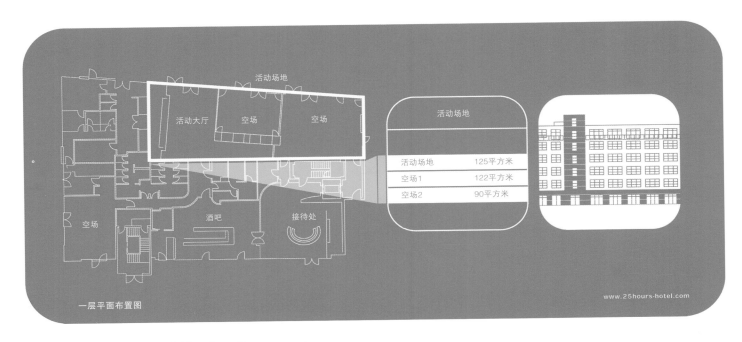

酒店地址 / Hanauer Landstraße 127, 60314 Frankfurt, Germany

连锁品牌 / 25hours

客房数量 / 97间

楼层总数 / 7层

配套设施 / 抗过敏房间、花园、禁烟客房、停车场、餐厅、酒吧、商务中心、会议/宴会设施

建筑设计 / Bernjus Gisbertz

室内设计 / Delphine Buhro、Michael Dreher

25hours Hotel The Goldman

25小时高盛酒店

位置：法兰克福

25小时高盛酒店位于法兰克福生机勃勃的East End区。这是城市最热闹的地点，却犹如隐匿一般。这里拥有现代化的建筑、新装修的工业遗址、高文化和夜生活场所，所有这些在此形成了奇妙的对比。这既是一家城市酒店，也是商务酒店。作为艺术和设计酒店也能被认可。这家四星级酒店靠近Ostbahnhof火车站，方便前往法兰克福贸易博览会和法兰克福机场，距离法兰克福的Römer广场和市中心仅有10分钟的电车车程。隔壁的对话博物馆绝对值得参观。

主题：启发独特生活方式

25小时高盛酒店于2012年扩张，提供当地艺术家的创造性和创新性的设计。每间客房都拥有单独的主题，提供独特的住宿体验，公共卫生间选用波普格调的性感红唇，有着好莱坞般的嘻哈幽默。法兰克福发展迅速的国际化可以在这里见到，鲜明且清晰地，犹如一天有25小时一般。

酒店的会议室还为客人提供轻松的环境，供客人在夜间工作或社交，这里还受到当地艺术家的欢迎。会议室采用暖黄色基调，顶部各种射灯能满足不同会议的需求。会议室中唯一一尊立在台面上的小型雕塑仿佛一位思想家一直在思考某些问题。而空间狭小的废弃空间被设计师利用成露台，铺设了鹅卵石，营造出日式枯山水气氛，透过天光采光、通风，从而达到节能的目的。会议室没有更多的装饰，装饰亮点还在于透过绘有名人头像的隔板种植小型植物。当你端坐在会议室开会时候，窗外仿佛总有伟人在关注你，叮咛你要努力工作。引导并启发客人们独特的生活方式，这里汇聚了世界性的流行元素，是商务或是旅游人士的好选择。

空间：头像图案做软装，复古与时尚相融合

公共空间的配置以多层次及多功能的规划为主，客房的设计则既精致又具有国际的潮流趋势。由具领导力与最富有灵感的设计师创造出的像家一样舒适的精品般的藏匿处，空间里展现了鲜明的色彩搭配、细节与装饰。设计者在现有的建筑立面之上，设计了一个令人惊艳的新立面。酒店座落于街道的入口，方正的房间窗户和弧形楼梯形成外立面的对比，旅客进入旅馆犹如进入一个隐匿处与闹区的综合点。

一楼创造了一个相互连接的大厅，包括休闲厅、餐厅、酒吧，相互连结而创造了一个具有穿透性的一楼楼层；大厅里的独立露台强调出空间的自由流动性。空间里的色彩运用及色彩构成都很到位，软装很考究且颇具趣味！建筑和室内空间感觉一致，灵活轻松的氛围也很好。酒店入口选用中式石狮子，左右对称，地面为小面积青砖铺设。入内，麻灰色马赛克铺设的地面与同色涂料墙面在宝蓝色前台灯光的映衬下特别醒目。宝蓝色中隐约透出的雪花造型图案，以及墙柜上陈列着来自全球各地的古董收藏，显出酒店主人非同寻常的品位。

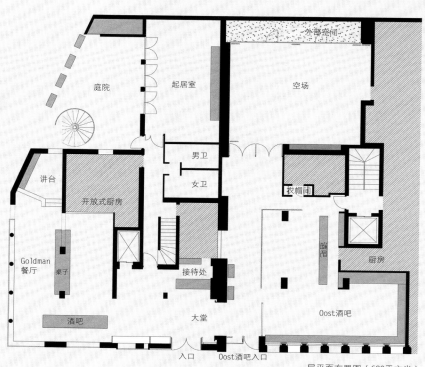

一层平面布置图（620平方米）

底楼的独立餐厅Goldman，氛围时尚，内部设计以航海为主题，装有木制船板和由专门设计师设计的灯。顶部石膏图案和立面花卉、铁艺相映成趣。自助区域墙壁上挂满各种图案的彩色盘子，这种调皮的装饰手法让人食欲大增。

走廊中大小不一的方块显示着不同的功能，装饰挂画意在告诉你种种关于酒店的故事，白色灯光中显示着房间号码，而应急启动装置也被框在黄色框内，极富装饰意味。整个走道完全可以与一家著名的画廊相媲美。在这个共7个楼层的空间里，每一层皆有它自己的色彩计划方案，每一间客房都具有单独的设计主题，譬如，以当地的名人或是教父的个人故事作为房间空间的主题。旅客像是进入了一个永不结束的复古旅程，而主题房间如公主或巴黎、赌场的主题更增添了空间的趣味性。设计展现了高度的质量，使用的家具及单品也都经过精心挑选，包括Flos灯具、Swedish Snowcrash家具以及mfta and Romo织品；另外，更搭配了一件件精心挑选的复古单品，展现复古与时尚的融合。客房代表着从20世纪30年代到20世纪80年代每十年间的美国大众文化特色。大型双人间面积28平方米，宽敞优雅的客房装饰拥有温暖的色调和别致的装饰。中大型双人间面积22平方米，拥有现代化的温馨色彩以及别致的装饰。房间宽敞，卫生间特别按照欧洲的标准，面积也很大。蓝色调或是红紫色调抑或称色调的空间随你任选，而除了面砖和灯光用色不同外，在结构上别无不同。

房内窗户太小，显得整个房间都比实际尺寸小得多。房间缺乏通风设备。临街的房间很吵。浴室有一个窗户，使得洗澡的客人腰部以上的部分完全暴露无遗，保护隐私等细节问题得进一步改善。

酒店地址 / Lerchenfelderstrasse 1-3, Vienna Austria
连锁品牌 / 25hours
客房数量 / 219间
楼层总数 / 8层
配套设施 / 酒吧/酒廊、礼品店/报摊、行李储存室、
会议室、视听设备、电脑站、SPA、餐厅
设计师 / Dreimeta Armin Fischer
摄影师 / ©Steve Herud

25hours Hotel Wien

25小时维也纳酒店

位置：维也纳

如果您想在维也纳寻找一家交通便捷的酒店，那没有比25小时维也纳酒店更合适的选择了。在这里，旅客们可轻松前往市区各大旅游、购物和餐饮地点。从酒店到市内几大地标相当方便，例如驻维也纳乐团剧场、人民剧院、人民公园。酒店位于维也纳充满活力的第七街区的约瑟夫施塔特，这里是维也纳青年文化、创意工业的中心区域，距离博物馆自然历史和博物馆区约500米。除了临近地铁站，只需步行约15分钟便可到达霍夫堡皇宫、西班牙骑术学校、奥地利议会大厦和维也纳市政厅。

主题：理想生活实验室

设计就是25小时酒店的灵魂，而每家分店不同的风格正反映着所处城市的特点。25小时维也纳酒店的设计理念是通过某种共通的情感吸引客人，从而增加入住率。设计师总是怀念20世纪初的马戏团风格，并且期望找到知音，借此主题并且增添复古、奢华及西洋镜元素的混搭，整个创意充满超现实主义的魅力。这种丰富多彩、多元混杂的风格，也是维也纳这个城市的真实写照。维也纳并不是一个严肃、呆板、简单的城市，作为历史名城，它同样反映着世界文化的变迁，而25小时维也纳酒店就是其中的一个小小的象征。

空间：混搭的神奇魔力

公共场所的家具和陈设都极具个性而且造价低廉，让人印象深刻。入口接待处，红、灰、黑色油漆刷出了田园般的维也纳乡村生活。1500 Foodmakers是一家主营意大利菜的餐厅，供应早餐、午餐、晚餐，在这里你可以欣赏城市景观。不锈钢桌子结实耐用，仿碎木的桌子温暖人心。设计师搜集了大大小小形状各异的镜子作为餐厅背景墙，不规则而用色丰富的面砖都颇具新艺术风格，让人仿佛重回到那个辉煌的骑士年代。

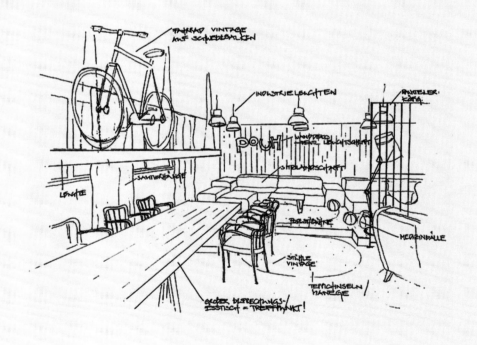

直角落地玻璃窗外，维也纳的美丽风景好似一张明信片，清晰而逼真。卧房内，蓝色圆形地毯配些许红色椅子，加上四周白色背景，清新亮丽，玩转五颜六色的愉悦色彩空间概念。插画艺术家奥拉夫哈爵克通过定制墙纸，让每个房间诉说着不同的故事。贴身曲线夹克打造必不可少的漏斗形状，马裤风格的裤装看起来时髦精致。羊毛中长裙、粗花呢斗篷与灯笼裤适于马鞍之外的优雅骑士风格。精致乡村感，激发了人们对马术经典制服新一轮的兴趣……洁白的瓷片围合起来一个普通的卫生间，通过一片透明玻璃做到干湿分离。原本普通的环境因为有了落地镜而精彩。透过镜子的映射，客房内各种彩绘都成了卫生间的"挂画"。设计师借繁就简，懂得借

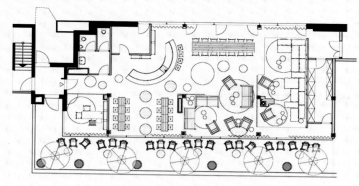

餐厅平面图

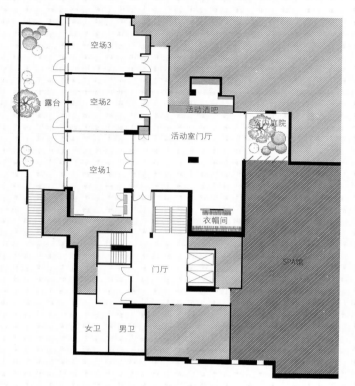

地下室平面图

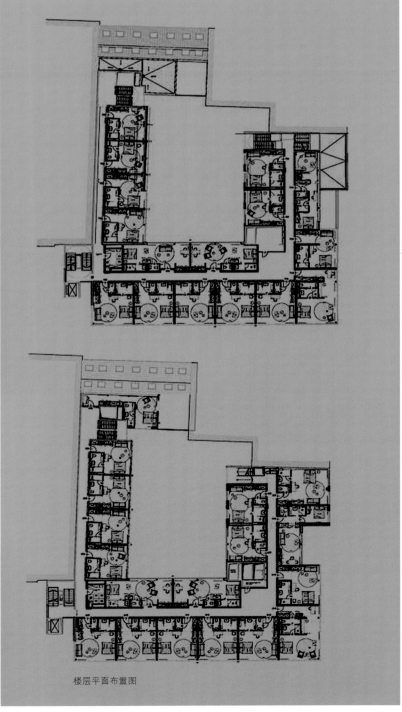

楼层平面布置图

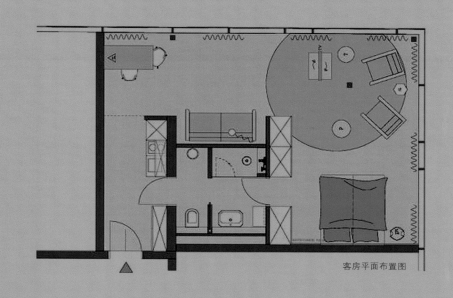

客房平面布置图

他人功夫妆点自己。而共用的卫生间内，大量富有黄铜质感的水龙头、台盆等，配上四周浅浅的冷色调，如灰白色马赛克地砖、灰紫色涂料墙壁等，复古气息扑面而来。

屋顶露台和酒吧将位于八楼。室外超简洁的防锈铁艺沙发有着很好看的线条，礼帽式样的灯具让人想起马戏团中的场景。室内则选用上等皮质沙发，圆号、手环、篮球等马戏团中的常用道具成了此地的陈设。加上富有个性的大头照灯，整个室内酒吧气氛活跃。

商务设施包括3间会议室、视听设备和电脑站。酒店的健身房非常特别：木质栅栏面板，自制"秋千"像是用废弃椅子改造而来的。SPA室的视觉重点在马赛克拼接出的美人鱼图案墙壁，室内的躺椅是布艺的，周围放着几个藤条编制的矮桌。

25HOURS
24 hours isn't enough

ZÜRICH
rasche Sekunden

BERN
verzögerte Minuten

酒店地址 / Pfingstweidstrasse 102, Zurich, 8005, Switzerland
连锁品牌 / 25hours
客房数量 / 126间
楼层总数 / 7层
配套设施 / 商务中心、水疗中心、餐厅和酒吧
建筑设计 / ADP Architekten, Zürich
室内设计 / Alfredo Häberli Design Development, Zürich

25hours Hotel Zürich West

苏黎世25小时酒店

位置：苏黎世

苏黎世25小时酒店位于苏黎世西区最重要的发展地区的中心位置，几栋最高大楼中的其中一栋内。徒步即能前往瑞士第一塔或多厅影院。Toni- Areal电车站就在25小时酒店门前。客人还可以免费使用自行车和迷你Cooper汽车。

主题：缤纷色彩的居家型酒店

自从铁路来到苏黎世的西部后引发了一场工业革命，由此带来了无数的新工厂。但随着公路的发展，到了80年代，工厂已经开始减少。酒店选用了19世纪的工厂般的建筑外部，酒店关注的是整合酒店与当地的环境。酒店外观呈方棱形。

苏黎世的25小时酒店是一个明亮、舒适、令人喜爱的地方，其室内设计好似会感染人，为访客带去好心情。酒店一层宽敞的入口折射出苏黎世旧时岁月的痕迹，而明亮的墙壁和柱子呼应了自由和轻松的酒店格调。当你步入酒店大门，在每个角落，你都会发现设计师通过混合多种元素进行创新，从而期望让客人们拥有纯粹的快乐正能量。中央开放式的大堂和酒吧提供一个轻松的社交聚会场所。公共区域中闪现出绚烂生动的覆盆子色和紫红色地毯和樱红色家具让你呼吸更轻松。入口接待处，自行车也能成为陈列品，加上直线条的背景，运动气息扑面而来。房间指示系统被设计师大胆地绘在墙壁上，简单明了，好似涂鸦。年轻，生动，有家庭感……国内的星级酒店啥时候也可以换换格调呢！

空间：软装要充分运用几何元素

酒店的外观看起来并不起眼，和周围的写字楼并无多大区别，但是内部却运用了较多的设计元素——代表了精致、鲜活、漫画式的当代生活模式。所有空间的装饰设计都具有复杂的装饰元素，所有的家具项目都是定制生产的，充满了古典的优雅风韵。

精致客房根据贵金属黄金、白银、铂金命名，色彩明亮，装饰别具一格。房间里搭配了大量的色彩和图案。很酷的红色天花板印证了您所选择的是间别具一格的酒店。酒店给人感觉几乎就像一个家，因为枕头或靠垫上的字似乎时不时都在提醒你这一点。漂亮的窗帘，清新的配色，光线从雪花状的刺绣图案里透进来。专门设计并定做的多功能家具装点着所有房间和套房，墙壁采用珍珠母色效果，灰色马赛克镶嵌地板发出微弱的光泽。呈开放形态的起居室

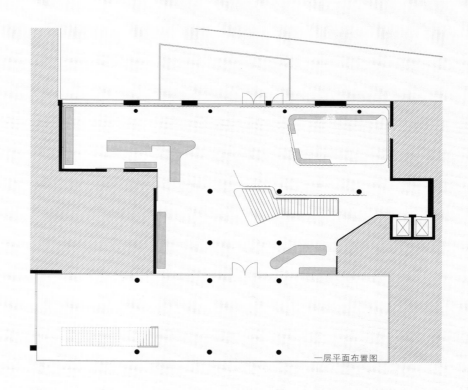

一层平面布置图

里，柔软绵延的皮革家具呈现出深浅不一的黄绿色，普通的实木地板上铺设深浅不一的简单色块星形地毯，使得原本灰色调的房间多了几分前卫和个性化的格调。

酒店的会议室有两种：第一种是常规面积50平方米，约可容纳20人；另一种能够满足活动需求的是130平方米的会议室，约可容纳70人。

另一个可以满足社交活动的地点是厨房俱乐部，这里非常适合举办厨房烹饪培训班和私人聚会。第一层包括一间会议室和厨房，主要用于烹饪学习，共约200平方米。极具装饰格调的灯管造型，反映不同时区不同形状的时钟装饰了楼梯下的闲置位置。

另外，你还可以在顶楼健身区域健身，它带有宽敞的桑拿间。有别于传统模式的桑拿房，这里宽敞、装修现代，澄明几净。整体而言，这家酒店的空间规划看似凌乱，实际功能分布到位且具有亲和力。

─── **品牌介绍** ───

Aloft是美国喜达屋集团旗下一个另类精品型酒店，是著名的现代奢华时尚品牌"W酒店"的一个衍生品牌，规模小于W酒店，传承了W酒店的另类、绚丽和个性色彩，可以看成是W酒店的微缩版本。

虽然不参与星级标准评定，但是价格标准介于三星级酒店到四星级酒店之间。Aloft客源定位于中外高端时尚人士，直营方式经营。以"有限"服务为主要特色，提倡"自助"模式。Aloft品牌秉承其技术研发的传统，首创业界"无钥匙进入"自动登记入住系统。

由世界知名的David Rockwell和Rockwell Group共同设计的雅乐轩，Aloft倾覆传统的酒店气势派头，以时尚、灵动、空间的空气，打造全新感官体验。环境优雅的公共空间里，客人们可以轻松交流，阅读报纸，用笔记本电脑工作，还可以玩上一局台球，或者和朋友在公共大堂区和酒吧喝喝小酒。都会风情、阁楼气概的乐窝（客房）具有2.7米高的天花板及超年夜玻璃窗营建的敞亮通透的清爽入住空间。

酒店地址 / 中国北京市海淀区远大路25号2座
连锁品牌 / Aloft
客房数量 / 186间
楼层总数 / 12层
配套设施 / 餐厅、酒吧、会议室、
健身中心、室内游泳池、屋顶花园
设计师 / David Rockwell（美国）

Aloft Beijing

北京海淀雅乐轩酒店

位置：北京

亚太区第一家雅乐轩酒店——北京海淀雅乐轩酒店，地理位置优越，坐落在西四环，与众多高等学府和研究机构近在咫尺。酒店所在位置交通便利，步行至亚太区首屈一指的金源时代购物中心只需5分钟，驱车前往著名的旅游胜地颐和园、圆明园和香山只需20分钟。

主题：活跃创新、轻松自然

美国建筑和室内设计师David Rockwell，这位打造柯达剧院和世贸遗址景观平台的设计师以活跃的思维方式和舞台般华丽的展示手法著称于世，这与雅乐轩的活跃创新风格不谋而合。

公共区域的开放空间将客人活动的自由度无限放大，免打扰式的自助式服务营造了无牵挂的家庭氛围。雅乐轩有它自有的一楼半开敞的公共区域通往中庭花园，透过天光窗，光线可以穿透厚实的建筑楼体，斜插进建筑的正中央，这不但为餐厅带来了环绕式的天然采光，也营造出泳池的波光粼粼的迷人景象。

设计师为雅乐轩创造的是五彩斑斓的都市风格。秉承以往的柜台式接待，不同的是一枚五彩缤纷的环形接待台跳跃地呈现在大家眼前。设计师在空间中运用LED光源凸显光影气氛，不仅是环形接待台，不远处的酒吧也是以酒柜背面的灯带示人。

休闲区以大地色系为背景，点缀色彩缤纷的稚气沙发，具有都市情结的家居作品不经意地在各个区域体现：大师philippestarck的全铁吧台椅、北欧风情软木脚凳与窗外的花园竹林辉映出现代田园风格。客房也以都市自然风格为主，紫色与灰色拼接而成的线型地毯搭配，暖色的木质大门以顶光体验，延续一层的公共空间，客房以深棕色搭配亮色家居为主；夜晚的客房内各处的灯光与活泼的现代家居展示出都市夜景。

空间：时尚、睿智和新空间

雅乐轩酒店的品牌核心价值为时尚、睿智和新空间。时尚，即自由而前卫，雅乐轩酒店风格

首层平面置图

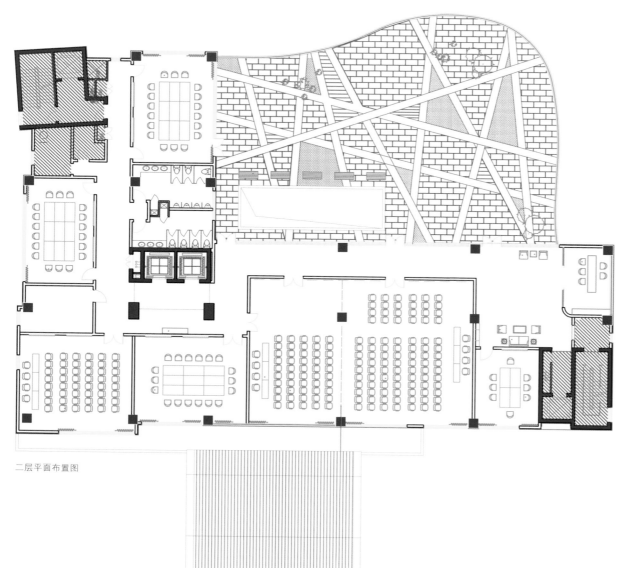

二层平面布置图

鲜明，既兼容并蓄又激情四溢，其时尚而别出心裁的态度一如喜爱雅乐轩酒店的人士富有创见而个性张扬的特质；睿智，即自信达观而知性的雅乐轩酒店深得同道者的青睐，活跃的空间布局与无拘无束的氛围更是为思想新潮的旅客带来前所未有的体验；新空间，即活跃而开放，是雅乐轩酒店专有的空间创意，尽一切可能的开放式设计，营造出活跃的空间，充满了互动的活力和社交氛围，这是万事皆有可能的地方。

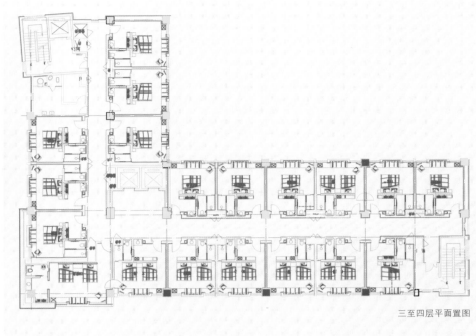

三至四层平面置图

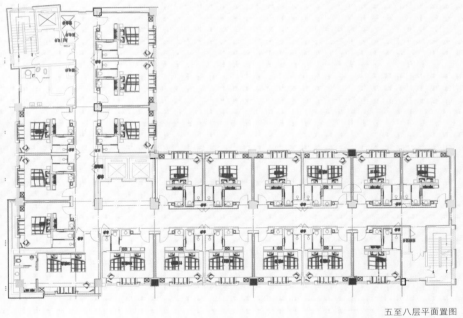

五至八层平面置图

九至十二层平面置图

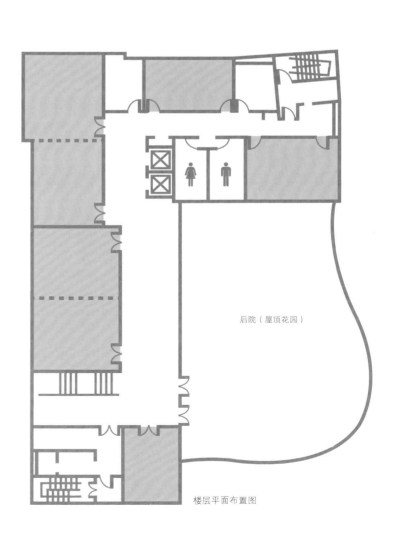

后院（屋顶花园）

楼层平面布置图

酒店地址／中国广东省佛山南海狮山镇博爱路
连锁品牌／Aloft
客房数量／235间
楼层总数／11层
配套设施／会议室、健身房、室内游泳池、客房、餐厅

Aloft Foshan Nanhai

佛山南海雅乐轩酒店

位置：广东省佛山南海狮山镇

地处狮山镇中心区域，毗邻南海经济开发区。南海雅乐轩酒店是美国喜达屋酒店及度假村国际集团在佛山地区管理的第二家酒店，也是华南区第一家雅乐轩品牌酒店。

主题：发掘旅途中的新拐点

全球所有的雅乐轩几乎都有着同样的外形，整体建筑如同一个巨大的方形竖琴，每家酒店都拥有超大的七彩雨棚和户外喷泉，每当晚上亮灯后会绽放出十分绚丽和动感的色彩。佛山南海雅乐轩酒店外墙灯光每晚会依次变换多种颜色，晚上从远处看就像一个巨大的时刻变换各种颜色的彩色魔方。酒店在服务设置上简化了多余的娱乐设施，在风格装饰上以多彩绚丽为主。雅乐轩的大多数服务是自助式的，理念是与客人充分互动，不分彼此，没有壁垒。比如行李车就和机场的抽取式自助行李车一样。酒店大堂则有着与众不同的特色环形前台，四周可以根据不同季节更换风格和色彩，让客人在轻松和愉悦中完成入住登记。客人从酒店大门到客房的必经之地——雅乐轩的大堂休息区称之为中转站打破了传统酒店的大堂沉闷的气氛，你要的这里都有，一切触手可及，气氛轻松自由。比如：喝着小酒，读着报纸，享用免费Wi-Fi自由上网或玩上一局撞球，稍作休息一扫旅途疲惫，或随时在墙上的电视里收看到四个不同频道的电视节目，让休息的过程充满惬意。不经意间，灯光悄然变幻，音乐响起将空气搅热。

空间：独特设计元素

大堂的WXyz酒吧是以鸡尾酒为特色的多功能娱乐型酒吧，有电脑提供免费上网，还有感应游戏机、台球、电子飞镖、桌上足球等系列娱乐项目。大堂左侧有一个24小时营业的食品屋——在雅乐轩被称为"能量站"，这里有各种各样的小食可供选择，随时为你咕咕叫的肚子充满能量。清新的随心小食贴合旅居客人的口味，一改以往的旅行经历中常见的枯燥、单调而无益健康的饮食体验。走过有着绚丽的七彩廊灯的客房走廊，到处能看到艺术油画。传统酒店概念中的客房，在雅乐轩中叫"乐窝"。清爽明朗的客房采用与众多酒店完全不同的横式布局，2.74米高的天花板，宽广无比的全景视野，清爽明亮的装饰，还有正对着窗外的甜梦之床，让客人躺在床上也可以一览无余窗外的无限美景。早上轻轻启动七彩电动窗帘，第一缕阳光穿过巨大的落地玻璃窗，打开窗前32寸的液晶悬挂式平板电视，与电视背后的窗外美景交相辉映，让你仿佛有一种梦幻般的画中之画的错觉。乐窝的办公台上配有多功能输入端口，各种数码设备都可以直接通过这个端口将信息传输到超大的液晶电视机上。你也可用即插即用的插座为所有电子装备充电，你的电脑或音乐播放器还可通过它与电视连接。

传统酒店概念中的健身房在这里叫作"充电站"。为健康充电，为快乐加分，客人在这个24/7的健体中心将享受超一流的运动体验，自行车、跑步机、健身车、力量训练机无所不有。传统酒店概念中的大堂泳池，在这里叫作"噗通"，很是形象。75平方米室内恒温泳池，游泳、潜水或戏水皆可！传统酒店概念中的大堂会议室在这里叫作"策略室"。548平方米酷炫的会议空间，策略室拥有全落地窗，充足的自然采光，简洁清爽的布局，没有一丝杂乱多余的装饰。除此以外，南海雅乐轩还有一个小型的空中花园，围绕一片叫雅亭区的户外休闲区域，是小型户外派对的绝佳选择。

酒店地址 / 中国山东省烟台海阳市海滨中路，宝龙城

连锁品牌 / Aloft

客房数量 / 145间

楼层总数 / 7层

配套设施 / 会议室、健身房、
室内游泳池、客房、餐厅

Aloft Haiyang

海阳雅乐轩酒店

位置：烟台海阳市

海阳雅乐轩酒店位于海滨大道，毗邻旭宝高尔夫、曦岛游艇会以及其他水上运动中心设施。万米金色沙滩是举办沙滩体育赛事的首选之地。驾车15分钟可至海阳市中心，50分钟则可抵达青岛。日落时分，您可前往酒店大门的市内繁华地区和时尚精品店感受无穷无尽的休憩娱乐体验，但请不要忘了留些时间和精力享受海滩漫步。

主题：放松身心的海边阁楼，适合度假和会议

沙子般明亮色彩的外墙似乎和水清沙幼的环境很搭调。舒适、优雅、温馨、美景常伴以及出行方便是入住海阳雅乐轩最鲜明的印象。酒店时尚舒适，让你起床后便可享受温和海风的抚慰，俯瞰美丽动人的海水和细腻柔和的沙滩。对于感受万千奇妙世界的心灵，时尚、清新而妙趣的海阳雅乐轩是令人心生向往的驿站。没有一切拘谨的屏障和约束，唯有阁楼灵感的设计和自由欢动的活力，个性张扬的风尚在这里大行其道。

在社交媒体迅速发展的当下，酒店非常重视社交空间的开发。这里结合了都市化的时尚设计、先进的科学技术以及热闹繁华的社交氛围。6间多功能会议室：宝龙大宴会厅、明珠厅AB和旭日厅ABC，最大的会议空间达480平方米，炫酷的空间满足不同的商务需求。

海阳雅乐轩不但适合私人度假，同样能满足公司会议的要求。当下的会议地点，多半希望选择有别于办公室沉闷气息的空间，希

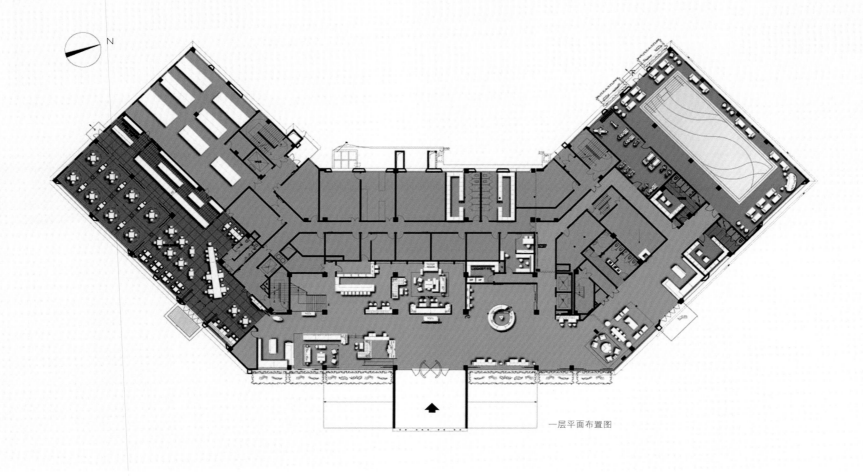

一层平面布置图

望借会议空间启发人们的灵感和创意，同时为了节省不必要的开支和节约时间，通常选择预算不太贵或者离CBD较近的酒店会议场所。海阳雅乐轩满足了现代简洁型会议的要求。

空间：标准化模板+亦中亦西式样

在环境优雅的公共大堂中转站，客人们可以轻松交流，阅读报纸，用笔记本电脑工作，还可以玩上一局台球，或者和朋友在"w xyz吧"喝喝小酒。被命名为"充电站"的健身中心和"噗通"室内游泳池，给客人提供了减压和充电的选择；而其他诸如"雅乐轩能量站"餐厅，新奇快乐的儿童天地等，都按雅乐轩品牌固定的标准设计。前卫的阁楼设计风格是海阳雅乐轩有别于诸多雅乐轩标准化设计的一大特色。房内配有豪华平台睡床。客房分布上，标准房（乐窝）总数145间，大床房63间，双床房70间，无障碍房2间，乐窝套房和甜蜜套房各5间。2.74米高的天花板，茸茸的梦香之床配有雨淋花洒的超大淋浴空间。

雅乐轩的统一设计标准在酒店的局部被运用成中西两组式样供客人选择。大堂承重立柱采用方格为装饰图案，深色木质尽显贵气，同时运用了屏风巧妙地隔断了功能区域。大堂天花板一盏圆形吸顶灯搭配地面方形休息区域和地

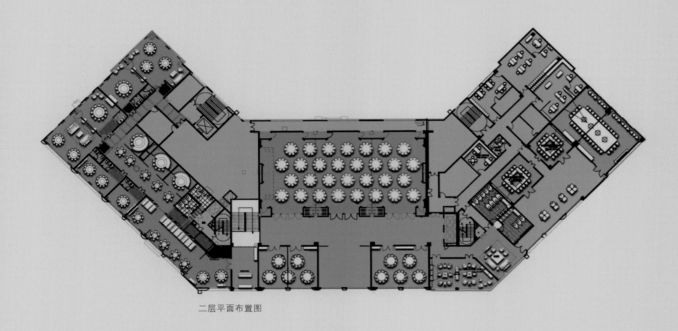

二层平面布置图

毯，寓意"天圆地方"。餐厅内，中式桌椅搭配墙上带有植物图案的壁画，让人感到几分沉静。休息区内，"梅兰竹菊"的画幅和环境特别搭调。所选窗帘好似一片竹林，让人倍添清凉感。客房选用中式古典床样式，镜面在此运用得恰如其分，在灯光下显得金光闪闪而不落俗套。

浴室采用圆形大浴缸，非常适合洗玫瑰浴。在保证私密空间的基础上，也照顾洗浴人员的心情，透出一扇狭窄的玻璃，借着天光让人浮想联翩。借着海边天然地势，这里的户外露台总能得到更多客人的眷顾。井字形栅栏天花，配上几把户外木桌椅，休闲气氛呼之欲出。

同时，酒店也有着另一幅西洋面孔：巴洛克弧线的桌椅、沙发，几何图案的地毯，在纯色软包的映衬下，蕾丝黑窗帘透出几分妖娆气息，白纱窗帘则飘逸清爽。墙上挂画则选用大色块的西洋油画。

如果说中国人偏爱金色，那么西式空间内所选的主基调则是黑色和银色，看起来更为华丽、摩登。这两种风格供客人选择，大大提高了该酒店的入住率。

三层平面布置图

四至七层平面布置图

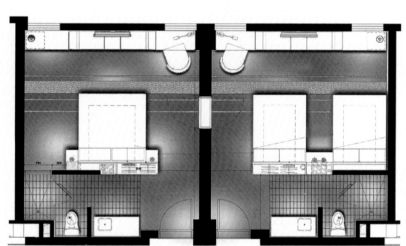

客房平面布置图

pentahotels

---------- 品牌介绍 ----------

pentahotels为行程匆匆的旅行打造了一个理想的绿洲——别具一格的设计将休闲和实用性完美结合，舒适又不乏创意，品位高尚又简约宜人。

pentahotels欢迎世界各地的来宾亲身体验以中国新生代旅客所需所想而构思的每一个细节，感受以年轻企业家、精明消费者以及电子游牧族等为主的新一代喜好。因应繁忙旅客的心中所想，贝尔特酒店被设计成为一处集舒适与型格于一身的"中途站"。

pentahotels不仅成为旅客的焦点，更是当地受欢迎的小区地标。大部分中国人的居住空间未必是朋友相聚时的首选，因此邻近居民相继利用贝尔特酒廊为居所以外的朋辈聚点，延伸个人的生活空间，成为人与人之间联系的地方。随着中国快速的城市化发展趋势，pentahotels正好恰如其分地演绎其"公共空间"的角色，让邻近居民相聚交流。

酒店地址 / 中国北京东城区崇文门外大街3-18

连锁品牌 / pentahotels

客房数量 / 307间

楼层总数 / 16层

配套设施 / 酒廊、面吧、咖啡厅

设计单位 / 如恩设计研究室

主持建筑设计师 / 郭锡恩、胡如珊

部分图片摄影 / ◎沈忠海

pentahotel Beijing

北京贝尔特酒店

位置: 北京

位于崇文门的北京贝尔特酒店对面是偌大的新世界百货商场,地下一层是一家大型超市,周边也有其他很多商场,附近在5分钟步行距离内有一家24小时营业的7-11便利店,真正做到了方便入住。

主题: 时尚生活、亲民温馨

有别于一般中国酒店的富丽大堂,贝尔特酒廊予人写意亲切的感觉,仿如走进家中客厅一般。与此同时,酒店摒弃金碧辉煌的装潢,取而代之以简约舒适的布置,就像自家客厅一样,有空约上三五好友常来坐坐。酒店设计"酷"引时尚。全天开放的贝尔特酒廊将酒吧和咖啡厅融为一体,另一边香气四溢的面吧和别具一格的轻食烹调间,都是繁忙都市人果腹的必然之选。趣味和惊喜随处可见,这就是贝尔特酒店之精彩和乐趣!

客房面积从29平方米起。方形设计的客房使得空间感更强烈,色调选取对比鲜明的深蓝色和白色,简洁活泼的装饰营造一个清新宽敞舒适的起居空间。客房内,既宽敞又舒适的工作区令您能舒适而又高效地完成工作。色彩与材料方案是非常简单、明亮与自然的。设计师想要保持木头所营造的温暖感,同时体现家具的现代感及空间的轮廓。

空间:小空间里多功能的"收纳"

贝尔特酒廊拥有142个座位,巧妙地将咖啡厅、面吧、图书室和游戏区融为一体。永久性功能区(前台、轻食烹调间、用餐区)从砖块中"穿透"露出再生改造的橡木室内,而入口边缘都是玻璃墙面与门洞。

短暂性功能区(面吧等)占据了另一部分空间。而在中间的核心部分竖立的是木制屏风包围的"中央公园"(酒吧与大厅)。"超时地带"则给参会者提供一个有自制咖啡和小吃的非传统的空间。桌上足球和爆米花机令会议休息时间增加无限乐趣。

问:为什么这么小的空间能设计出合理的功能区?

设计师:有别于偌大的活动空间,事实上,小空间更容易体现功能区域。设计师能区分出不同的功能区,使它们归于不同的"盒子"或者房间,就像将东西整理及存放入不同的容器中——这就是我们创造的一个愉悦又温暖的公共空间。

问:各个房间的家居比例是如何放置的?

设计师:这很大程度上取决于你在空间里的感觉。从方法上看,最常用的方式是让比例看起来很舒服。但是我们有时也喜欢利用夸张的比例,如强烈的大小对比,让整个空间富有冲击力。

问:怎样才能在小空间内实现最大的功能,以及实现合理的舒适度?

设计师:用整洁的方式处理小空间,放置较少的家具或物体,使整个空间看起来简约一点,小空间也更适于人们生活,感觉更亲密。通常很多人认为大的房间让人感觉更舒服,其实我们不需要很大的空间。亲密的空间感比空旷其实更能让人感觉安全。

平面图:

	5. 酒吧	10. 厨房
1. 建筑入口	6. 用餐区	11. 办公室
2. 大堂	7. 烘焙区	12. 游戏区
3. 接待处	8. 自助餐区	13. 多功能室
4. 电梯大厅	9. 面吧	14. 公卫

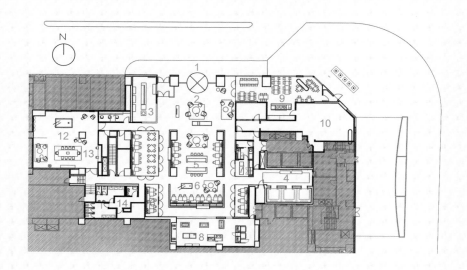

pentalounge
/noodle bar

pentalounge
/ noodle bar

ph pentahotel
贝尔特酒店

酒店地址 / Großer Brockhaus 3, 04103 Leipzig, Germany
连锁品牌 / pentahotels
客房数量 / 356间
楼层总数 / 7层
配套设施 / 餐厅、酒吧、会议室、
健身中心、室内游泳池、屋顶花园

pentahotel Leipzig

莱比锡贝尔特酒店

位置：莱比锡

莱比锡贝尔特酒店地处市中心的宁静一隅，城市的众多旅游景点近在咫尺。步行即可抵达格万特豪斯音乐厅、歌剧院、众多博物馆及画廊、主要地铁站、新奇有趣的百货公司及传奇的酒吧区。

主题：时尚、周到、实用、舒适

"贝尔特风格"代表着时尚而周到的设计，令宾客倍感温暖惬意；"贝尔特睡眠"则代表实用、舒适的客房，让您尽享夜夜好眠。

时尚表现在用色上。入口处，酒店的标志呈球形排布，红色字母和蓝天自然对比强烈，无论白天还是夜晚都显得分外亮眼。这样做的目的是尽可能多角度地让人看到酒店的标志，从而提高入住率。

何不亲自聆听著名的Thomaner合唱团的美妙歌声，抑或沉浸于都市精彩纷呈的夜生活？356间客房和普通套房均经过全部翻新。全新的客房将现代感与休闲的贝尔特风格完美融合，多种跳跃的色块在白色屋子里合理点缀，加上几何形的座椅等家具，让人回到摩登的上世纪50年代，怀旧而不失时尚。客房宽敞的大理石浴室亦配有专门为贝尔特酒店而设的"花洒"淋浴，非常实用。

酒店内17间会议厅均拥有自然采光，是莱比锡这个知名会展城市中最大的会议场地之一，面积达1400平方米。宽敞的展览场地当然也需要良好的配套才能吸引客人，酒店地下车库设有700个泊车位，停车完毕，人可乘坐直达电梯进入酒店。

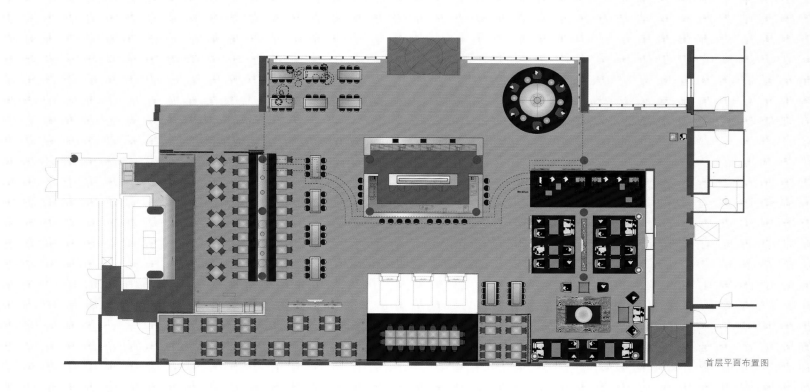

首层平面布置图

设计者还特别细心——前台接待处设有保险箱，方便旅客寄存，并且设有无烟楼层。

酒店拥有大型泳池以及桑拿区域，占地2层，是客人放松的好地方。

空间：多功能集于一身的大堂

酒店大堂设在一楼，大堂顶部和立面均为全透明的玻璃材质，选用全透明玻璃的目的是希望在白天能够很好地利用天然采光，从而节省能源。

酒店占地面积并不大，但是房间并不小，会议室很宽敞，此外还有泳池、桑拿等多种运动休闲设施。设计师在空间安排上有什么奥秘？答案就在大堂内。"贝尔特酒廊"是酒店的"休闲大堂"。考虑到不同的人群在相聚的时候也会有不同的喜好，而服务业最头疼的问题就是众口难调，聪明的设计师居然为酒店提供了人人中意的娱乐设施：欢迎酒会区域、图书馆、酒吧、餐厅、台球房、游戏房和让人冷静的放松场地。多种功能集于一身，缩短了人与人的距离，同时也大大节省了空间。

借用外立面和局部顶部是全透明玻璃材质的优势，这个大堂在晴朗的白天几乎不需要开灯，在自然光下读书对视力也更有好处。因此这也是个节能环保型大堂。

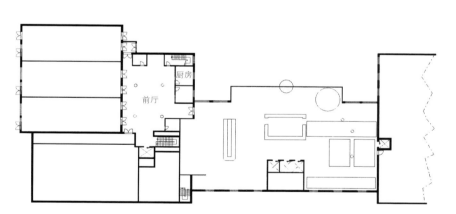

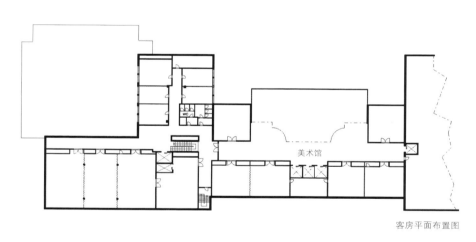

客房平面布置图

酒店地址 / Margaretenstrsse 92, Vienna, Austria
连锁品牌 / pentahotels
客房数量 / 117间
楼层总数 / 6层
配套设施 / 餐厅、酒吧、会议室、健身中心、停车场

pentahotel Vienna

维也纳贝尔特酒店

位置：维也纳

维也纳贝尔特酒店位于维也纳第五区，设有时尚的咖啡酒吧，距离可前往State Opera歌剧院和Naschmarkt市场的Pilgramgasse地铁站有5分钟的步行路程。酒店距离Naschmarkt市场、维也纳分离派大厦和An der Wien Theatre剧院只有1站地铁车程，距离美泉宫有4站地铁车程。

主题：具生活品味的邻居式酒店

酒店位处一个拐角，楼层不高，占地面积却不少。设计师利用了这种天然的大门面优势，将酒店一层的大堂立面设计为落地窗式样的大玻璃，让路人也很有好奇感，想进去一探究竟。同时，设计师也十分注重住客的隐私，从二楼起就不用大玻璃的形式，相反的，还增设了护栏，保证住客的安全。

对这家酒店的第一印象是友善的员工和时尚的大堂。酒店的设计风格简单而大气，却给人耳目一新的感觉。大堂整体运用深棕色的暗色调，设计师擅长就地取材，将几根超大的树干经处理后搬入了大堂，作为酒吧和餐厅的隔断。树干有着天然纹理和芬芳，利用树干替代钢筋水泥，弯曲的线条透过白纱若隐若现，让人仿佛身处清晨森林的雾霭中，好不惬意。

薄纱的另一侧，是个热闹非凡的酒吧。闪闪的不锈钢灯光影射在真皮沙发和座椅上，加上一侧一直在燃烧的炭火，有点朋克的味道。用炭火暖暖身，再喝上一杯烈酒，在另一侧较开阔的区域打一轮台球，一个大家庭就是这么组成的。

空间：大隐于市，畅快舒适

德式酒店想来以注重实用著称。由意大利建筑师Matteo Thun设计的时尚客房并不大，没有很多花哨的摆设，但功能齐全且隔音良好。整体以暖色调装饰。床的尺寸很大，此外没有多余的装饰，以至于整体空间看起来很大。绛红色真皮座椅特别有质感。驼色系给人非常安静的感觉，同时，局部暗花纹和大花朵装饰，都给人以女性化的温婉、宁静的感觉。祝您有一晚好睡眠。

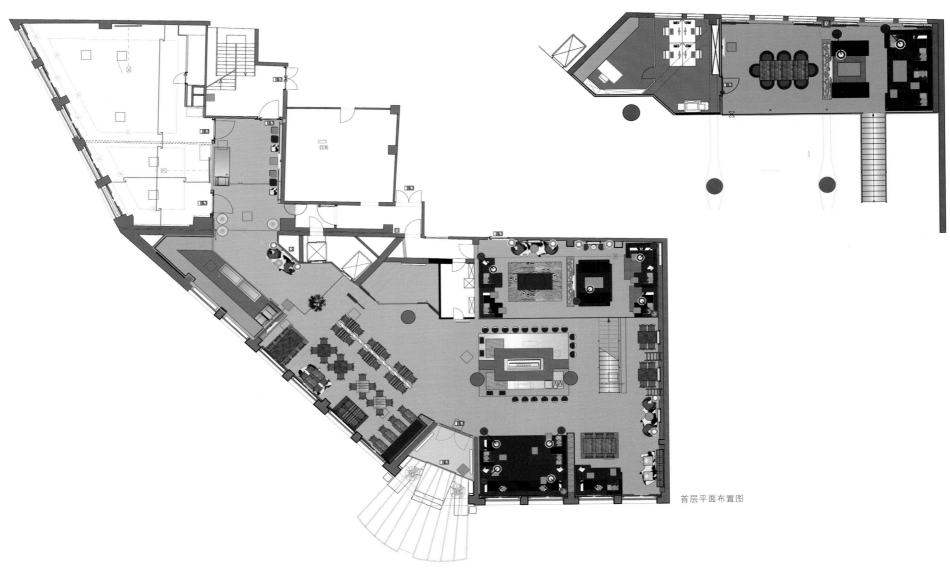

首层平面布置图

酒店地址 / Gruenauer Str. I, Berlin, 12557, Germany
连锁品牌 / pentahotels
客房数量 / 190间
配套设施 / 餐厅、酒吧、会议室、健身中心、SPA

pentahotel Beilin Köpenick

柏林克珀尼克贝尔特酒店

位置：柏林

这家四星级酒店位于柏林Köpenick区的Köpenick城堡对面，坐落在Dahme河岸上，位于查理边境检查站博物馆和贝加蒙博物馆地区。提供时尚的客房和卓越的公共交通连接。

主题：独自旅行者的理想之家

贝尔特追求设计，强调时尚，是个颇具生活品味的酒店品牌。酒店为独自出行的旅客提供舒适、有格调、价值适宜、具时代感的居停环境。

无论大堂多么热闹，酒店总归要回归住宿的本质。人人都希望拥有安静睡眠的空间。酒店的客房区域，许多胶片装饰着立柱，很有蒙太奇的效果，而局部地毯上则印有机场的种种指示标识，配以灯光指向，很有穿越时空的感觉。

空间：一站式大堂，高度一体化

精致的狗狗玩偶好似在向你打招呼，大堂总体气氛轻松、友善。它好比居家客厅，是客房或住所的延展空间。贝尔特酒廊没有以往酒店高高在上的感觉，它为酒店客人和左右邻里打造。很多住在附近的人，闲了也会来此喝一杯。它是个轻松的聚会场所。

真皮沙发特别有质感，无论是在壁炉边亲切交谈还是独享阅读空间，这里都显得很私密。木质地板很有家的感觉，质朴而亲切。一旁的超大行李箱印有英国国旗，用它作装饰，让每一位旅客觉得既新奇又熟悉。没准酒店有不少来自英国的客人。

大堂另一侧，吧台气氛热烈，和安静的会客和独享区域形成鲜明对比。吧台成方形，顶部吊有多盏球形玻璃灯具，大小不一，十分活泼，底部红色灯槽烘托气氛，让人心升暖意。

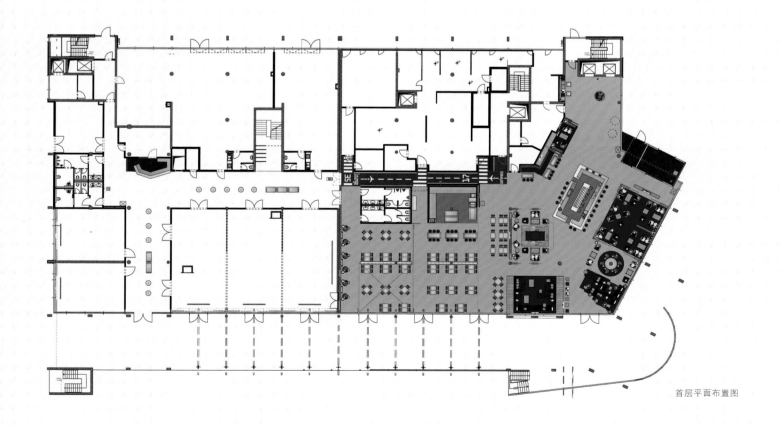

首层平面布置图

conference

east

东隅是一家休闲式商务酒店，极具都会风尚，专为寻求放松和富有现代感住宿体验的商务旅行人士所打造。高科技的酒店设施、无纸化入住及退房体验、一站式快捷客户关系团队都意味着酒店将随时为客人提供高效的商务服务。当需要休憩放松时，东隅又能够为客人提供一个平静、舒适的环境，多种就餐选择以及让您充满活力的各种娱乐设施。

酒店名字中的"东"来源于将现代东方的旅游经历解读为略带中国文化的世界级、便捷、现代而又值得玩味的经历这一概念。设计中运用了令人玩味的中国元素，比如用中国汉字作为楼层的指示牌、将背光式的现代中国风景画作为接待处的背景等。

"把简单的事情做好！"东隅就是这样，不迅速扩张，而非常注重品质的都市型格连锁酒店品牌。

酒店地址 / 中国北京朝阳区酒仙桥路22号

连锁品牌 / east

客房数量 / 369间

楼层总数 / 25层

配套设施 / 多种餐饮、多种会议室、健身中心、客房等

East, Beijing

北京东隅酒店

剧院平面图   教室平面图

位置：北京

颐堤港位于北京市朝阳区将台路以南酒仙桥路以东之间，是一座集购物、娱乐、美食、休闲、商务、旅居等于一体的综合商业地产项目。这里不仅有大型购物中心、甲级办公楼，还有现代商务休闲酒店北京东隅，以及一个正在建设中的17公顷的户外公园。商场内独具特色的冬季花园，更将室内和户外的风景融为一体。颐堤港国际化的建筑设计、丰富的业态组合以及一站式的购物体验，无疑是北京又一商业新地标。

酒店距离北京首都国际机场仅有15分钟车程，将台地区被认定为北京最有吸引力的商圈之一，毗邻CBD和望京商圈、是众多本地及跨国知名企业所在的位置。此外，北京东隅更是邻近798艺术区及草场地艺术区。

主题：精准把握客人需求

北京东隅延续了太古集团在香港开创的东隅品牌理念，致力打造一家休闲式商务酒店，在宾客疲累时呈献焕发身心的体验；在寻求乐趣时给予动力；在您需要工作时为您提供支持。东隅的独特之处在于其自然清新的活力感觉及其对酒店地点和宾客需求的精准把握；在满足宾客需求的同时为其带来无穷乐趣。

享受美食及放松休闲是现代都市生活中不可或缺的一部分。全新开业的北京东隅酒店是一家充满时尚生活品味的休闲式商务酒店。拥有两间餐厅，一间带有现场音乐表演的酒吧及一间咖啡厅的北京东隅为寻求个性生活方式一族以及住店客人们提供又一美食、社交及放松的绝佳选择，同时也是忙碌都市生活中忙中偷闲，享受都市生活的好去处。

客房专为寻求放松和富有现代感住宿体验的商务旅行人士所打造。高科技的酒店设施、无纸化入住及退房体验、一站式快捷客户关系团队都意味着北京东隅将随时为您提供高效的商务服务。客房包含23间套房，面积由30至70平方米不等：城市景观客房内提供全方位的城市景观，使客人纵览北京地标性建筑；而园景客房则使客人轻松俯览与酒店相邻的17公顷绿色公园。所有房间均配备内置国际通用插座，细心周到。

空间：多元会议和用餐体验

颐堤港这个综合体目前由颐堤港一座、颐堤港商场、颐堤港公园和北京东隅四部分组成。酒店与颐堤港购物中心相通，并毗连颐堤港内的甲级办公楼——颐堤港一座。

绝妙的用餐环境，设施齐全的健身中心Beast，包含健身房、室内恒温泳池以及室外的露天泳池。The Workshop是位于北京东隅三层的会议

区配有最先进的设备。除此之外，大量的开放式会议休息空间包括开放厨房区、面食吧及糖果墙，使客人轻松的享用餐食及休闲小食。

24层至25层则设有行政楼层以及行政酒廊Upstairs，为入住行政楼层的客人展现了邻近公园的迷人全景。而在25层更是设有一间专属会议室。

Domain（域）咖啡厅是一处可供办公、社交和进行商务活动的绝佳场所。这个商务咖啡厅提供全天候用餐服务和各种面包甜品。工作站以及可借用的iPad®和电脑为客人的商务和办公提供了最大的便利。

太古酒店想来以发展新颖餐厅而闻名。Feast是一家富有动感的全日制餐厅，以"把简单的事情做好"为理念，在其充满活力的开放式厨房烹制亚洲及西方美食。一块37米长的黑板上绘列出Feast多元化的素材，比如"招牌刁草盐

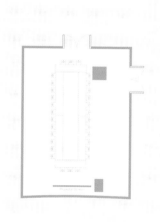

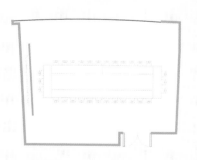

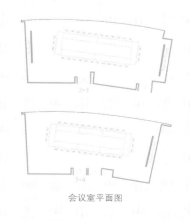

会议室平面图

渍三文鱼"、"法式烩海鲜"等餐厅经典菜肴或时令食材。早晨，客人可以在位于开放式厨房前的"美食市集"中选择新鲜的特色早餐。无论是坐在俯瞰公园景观的户外露台或是可容纳12人的包房内，都是Feast提供给宾客的多种用餐空间的选择。Hagaki，日文意思为"明信片"，是北京东隅酒店中具有加州风格的日式餐厅Hagaki的特色。客人可以选择坐在热闹的寿司吧品尝美味。

位于酒店一层的"仙(XIAN)"酒吧是一家炙手可热的多元素酒吧。它集合了酒吧、威士忌吧、音乐表演场地以及游戏室于一体，是一个充满活力的娱乐潮流聚集地。"仙"的设计灵感来自于北京798艺术区的工业建筑。除了室内空间之外，它还拥有舒适开阔的户外园景露台。在这里您可以与朋友一起畅饮美酒，尽情放松，打台球，玩桌上足球及街机风格的电子游戏机等，或是沉浸在现场乐队所演奏的拉丁爵士音乐中。

会议室平面图

会议室平面图

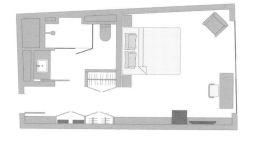

客房平面布置图

酒店地址 / 中国香港港岛东太古城道29号
连锁品牌 / east
客房数量 / 345间
楼层总数 / 32层
配套设施 / 餐厅、咖啡吧、健身中心果汁吧、更衣室、室外泳池、露台
设计师 / 思联建筑设计有限公司（CL3 Architects）

East, Hong Kong

香港东隅酒店

位置：香港

东隅地理位置优越，邻近太古港铁站，距离中环亦仅为数分钟车程。东隅位处太古地产瞩目地标发展项目港岛东，而位于鲗鱼涌港岛东中心亦是此项目之一部分。鲗鱼涌港岛东中心云集超过300间跨国企业。成千上万的本地及国际公司位于太古城和太古坊。

123333平方米的大型商场太古城中心、Butter field's私人会所、休闲式商务酒店东隅、多用途场地Art is Tree、超过60间餐厅和咖啡店与及逾6000个停车位太古地产发展的港岛东社区，覆盖太古坊和太古城范围，拥有用作零售用途的商铺以及办公楼，地位优越，包罗万有，是香港最大之私有商业园。随着港岛东中心落成，港岛东提供约1084444平方米的零售、办公楼及酒店总楼面面积。

主题：时尚生活品位的休闲式商务酒店

太古酒店旗下充满时尚生活品位的休闲式商务酒店东隅酒店洋溢朝气，为商务行政旅客提供了写意舒适的环境并定下全新住宿的享受。东隅一直致力于打造不同的惊喜体验，为宾客及邻近居民带来更美好的生活，并且同时履行社会责任，以及支持本地小区的艺术设计发展。

东隅由屡获殊荣的香港建筑及室内设计事务所思联建筑设计有限公司（CL3 Architects Ltd.）设计。设计师对细节一丝不苟，以平衡身心、阴阳调和为设计概念，为东隅打造极致舒适的感官享受。透过不同的质感、颜色和素材，打造新派时尚、休闲、环保、和谐的环境，糅合东方情调于现今便捷的住宿享受之中。

东隅的一切都是为了在香港出差的人士特别定制。一切从简并且提供个人化的服务，如无纸张电子化入住登记和退房。东隅提供的不仅是优越的地段以及时尚的酒店设计风格，更是崇尚与众不同的处事方式。

空间：自然朝气，尽现空间

风格独特，拥有亲切怡人的气氛。香港东隅酒店的设计完美配合现今旅客的需要——在宾客疲累时呈献焕发身心的体验；在寻求乐趣时给予动力；同时满足商务旅客的要求。

设备齐全的客房面积介于28平方米至60平方米之间，当中包括6间套房。透过创新的规划设计，不刻意划分空间，于睡房及浴室之间通过局部隔断设有独立洗面盆等功能性器具，而整体空间无死板的隔断，令客房更显宽敞。客房均装有大窗户，自然采光，让您消除一切时差不适。此外，设计师巧妙利用自然素材，如石灰石、木材及竹地板等，营造天然舒适的气息，为宾客缔造难忘的体验。闲坐在套房内全透明的球形椅上眺望远处维多利亚港风光，无论白天还是黑夜都是不错的选择。

全日营业、气氛轻松写意的Feast餐厅位于酒店一楼。看海，是香港餐饮场所永恒的卖点之一。因此在座位布局上，设计师尽可能多的安排了靠窗凭海的座位。

咖啡室装潢细腻，以鸟巢形的楼梯连接酒店地下，并以配合人体工学设计的型格家具和时尚音乐，营造摩登温馨的环境。位于32楼的顶层酒廊Sugar设有广阔的露天平台，维多利亚港醉人景色尽入眼帘，可举行私人活动、会议、团队培训活动、发布会及派对。为未适应时差的宾客提供更周到的服务，位于酒店4楼的健身中心Beast24小时开放，设有自然透光的偌大健身室、室外游泳池，以及一家果汁吧。健身室墙身饰以穿孔金属板，设计夺目；而男女共享的更衣室墙身则铺以木材及石砖，营造私密感觉。

大堂设计极简，透过硬朗材质超酷色调的灯光体现都市酒店的简约格调。揉合木材及石材等天然物料，提供中性背景，以衬托出多件展示于酒店各处、色彩缤纷的艺术作品。

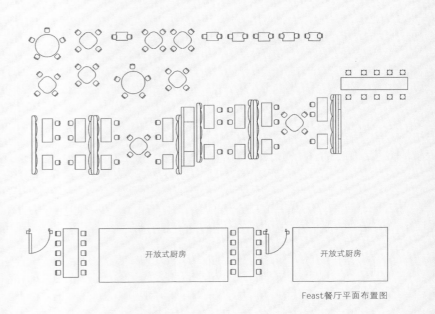

Feast餐厅平面布置图

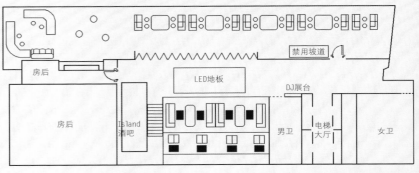

Sugar餐厅平面布置图

东隅所展示的特色作品出自多位艺术家之手，艺术品走抽象路线，大体上以色彩缤纷的波普艺术运动作为基础，以描述日常生活景物为主，取材自大众文化元素，常用鲜艳色彩，并以商业或工业原料如玻璃纤维及涂漆金属作为创作素材的作品。受委托为东隅创作的艺术品既能表达出流行文化的现代特色，亦同时能显出东隅作为休闲式商务酒店的品牌特色。包括洞穴马匹岩画、Jayne Dyer创作的蝴蝶群、Lincoln Seligman的飞鱼系列，以及甘志强的竹制鸟笼，遍布于大堂、地下及一楼。

套房则摆放了雕刻家隋建国的恐龙雕塑，作品造型像真度高，用色大胆，采用鲜艳色彩如橙色、松石绿、粉红及黄色，带来明亮、温馨及一点幽默的感觉。而William曾为东隅四周的自然景物拍摄一辑照片，照片与酒店的设计和谐配合，并于大堂及客房内的等离子屏幕播放，供宾客欣赏。

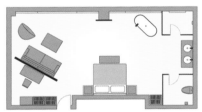

003号客房平面布置图（56平方米）

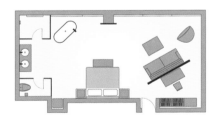

3004号客房平面布置图（56平方米）

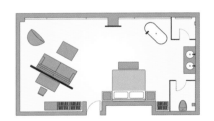

3005号客房平面布置图（56平方米）

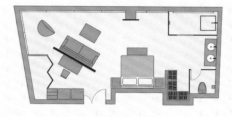

3006号客房平面布置图（60平方米）

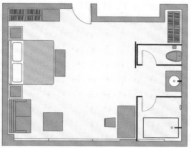

3008号客房平面布置图（45平方米）

3009号客房平面布置图（45平方米）

双人床客房平面布置图（28平方米）

客房平面布置图（30平方米）

客房平面布置图（28平方米）

客房平面布置图（30平方米）

客房平面布置图（28平方米）

品牌介绍

朗廷酒店集团旗下品牌涵盖了酒店、度假村、服务式公寓、餐厅和水疗等一系列独具特色的服务业产品，业务范围覆盖全球四大洲。

朗廷的历史可追溯到1865年，矗立在英国伦敦市中心的朗廷酒店隆重开业，成为欧洲历史上首家名副其实的豪华酒店，造就了酒店业璀璨不朽的传奇。过去近150年，朗廷在伦敦旗舰店一直致力于提供诚恳待客之道。时至今日，全球每家朗廷酒店均秉承了其尊贵豪华之酒店传统，表现出典雅高贵的设计、创新的待客之道、体贴挚诚的服务及捕获感官的至尚体验。

集团旗下品牌包括奢华酒店朗廷和朗豪、针对高档市场的逸东华和中档市场的逸东酒店，以及屡获殊荣的川水疗。

朗廷品牌标志着优雅而恰到好处的豪华五星级服务。朗廷酒店以现代创新再现昔日传统魅力，为客人营造令人迷醉的体验。

朗豪品牌是朗廷的时尚演绎，其灵动创新的诉求，处处触动客人感官。无论在设计、技术应用或酒店服务上，朗豪酒店都充分反映21世纪的现代生活概念，突破传统酒店的界限，为好奇求新的客人缔造处处流露创意及艺术气息的住宿体验，让人耳目一新。

逸东系列是集团的优质品牌，包括针对中高端市场的四星级逸东品牌和面向高端市场的五星级逸东华品牌。逸东系列体现的是现代高档酒店的理念，倡导通过环保的经营方式体现品牌的可持续发展，致力于倡导平衡精彩的生活方式。逸东的风格更趋向前卫、年轻化，而逸东华则更偏向现代时尚的都市风格。"平衡生活——尽见精彩"和"品味生活——由我演绎"这两句话也正是朗廷酒店集团旗下逸东和逸东华」品牌酒店所体现和倡导。每家逸东系列酒店都是供社区人群聚会、工作、娱乐和交往的平台。

酒店地址 / 中国深圳市福田区深南大道7888号
连锁品牌 / Langham Hospitality Group
客房数量 / 352间
楼层总数 / 25层
配套设施 / 水疗、健身中心、精品店、
商务中心、会议室、宴会厅、餐厅、酒吧、停车场

The Langham, Shenzhen

深圳东海朗廷酒店

位置：深圳

深圳东海朗廷酒店悠然伫立于深圳最繁华的商业中心——福田区，酒店毗邻名店林立的高档购物中心，距离深广高速、罗宝线车公庙地铁站仅举步之遥，仅需15分钟车程即可到达香港通关口岸，让宾客尽享地理之便。

作为深圳主要产业汇聚的中心城区，福田区生活多姿多彩且紧跟世界潮流。其拥有面积达28万平方米的深圳会展中心，每年举办过百场的国内外大型会展，70多家世界500强企业，多间知名购物品牌商店及商场。

除了强大的产业配套优势，该区还坐拥多处引人入胜的观光景点。例如临近酒店便有展现中国少数民族文化的民族文华村，中国最大的主题乐园欢乐谷，生态休闲主题公园深圳湾，多元都市娱乐目的地欢乐海岸等。

主题：缔造一隅令人迷醉的世外桃源

深圳东海朗廷酒店秉承了朗廷148年的优良传统，表现出典雅高贵的设计、体贴诚挚的待客之道及令人迷醉的入住体验。致力在活力洋溢的深圳打造一个令人迷醉的世外桃源，使客人能够在这里得到尽情放松和享受的同时也能感受欧洲古典风华的魅力。

当清新怡人的姜花香味引领你步入大堂，酒店里处处彰显精致的装饰，其散发的古典气息马上让你有截然不同的感觉。酒店提供的融合老式英国管家形式的"诚挚服务"会让你领略不一样奢华魅力。

经酒店大堂穿越一道设计精巧的隔屏，映入眼帘的是剧院式的双层结构，特制的古典大吊灯、暖粉色和金色的织物以及富有戏剧性的艺术品，这是一个让你追忆英伦贵族传统之源的地方——廷廊。慵

懒午后和黄昏，伴随现场钢琴曲调，配以香气四溢的茶品和新鲜出品的美食点心，廷廊为你打造惬意午后时光。

同样是双层结构的爵吧位于酒店三层，挑高的天花设计搭配乌木墙壁，奢华皮革和天鹅绒的深蓝色及金色家具与入口处墙壁上具现代气息的壁炉交相辉映，独立楼梯将宾客引向四楼开阔的私人酒窖，百余款顶级珍藏佳酿待你欣品。再配以每晚悠扬爵士表演及多款精致美食，仿佛时光倒流，回到传统经典的欧式酒吧。

领略了欧式经典的餐飨风味，不妨再来唐阁品味传统的粤式佳肴。餐厅的设计元素来源于唐代，经典简洁的设计理念与深色石材地面上繁复华贵的红色地毯相得益彰。绚丽风格的枝形吊灯及定制的金银叶彩绘镜子使得整个餐厅熠熠生辉。做工精细的青色铜鼎器皿，一件件仿唐明朝古董桌椅，定制的手绘骨瓷餐具，都在不经意间营造出浓郁的中国古典风情。置身如此典雅的环境中品尝各式正宗粤菜，配以柔和古典的乐曲，尽享经典中式飨宴。

空间：用心之细致尽显欧式奢华之著

酒店客房和套房完美融合了现代设施与当代设计，象牙、瓷器、玉器之类材料的搭配运用，充分融合了传统英式及中国明朝的经典元素，为每个房间赋予了既独特又集中的视觉装饰。完全彰显朗廷品牌高贵典雅的设计精髓。

蜜月套房的设计旨在为爱侣营造远离烦嚣的浪漫私密空间。两套蜜月套房面积分别为181平方米及221平方米。典雅华贵的室内装修与细致入微的装饰点缀尽享奢华气派，为爱侣缔造难以忘怀的浪漫回忆。基于功能性的设计需要，新人可直接由套房通达婚礼现场星愿廷，于私密寝室与婚礼场地间轻松穿梭。

位于24层的两间星愿廷，主要以精致高雅的浅色织物、涂料和镜面装饰，搭配花纹繁复的地毯和华丽的水晶灯，为宴会宾客提供了一个精致华贵且富有浪漫气息的绝佳场所。每间星愿廷都直接通往复式套房（蜜月套房），可供婚礼新人或尊贵宾客便捷出入。

位于五层的川水疗诠释了朗廷酒店集团品牌理念，融合传统文化与现代舒适感。步入川水疗中心楼层，月拱门映入眼帘，迎接宾客。为了视觉化对比阴阳两极，健身房、室内泳池和更衣室选用了明亮的色调，而川水疗中心则以浓厚的黑色非洲、印度尼西亚柚木地板、深绿色大理石和纹理石灰石作为走廊的墙壁，与前者形成鲜明对比。

走廊现存的顶梁柱成为设计内部空间的一大挑战。为了打破走廊过长的格局并隐藏显眼的圆柱，设计师将两个柱子外围用设计材料包裹起来，使其本身成为设计的一个部分，围着柱子创造出一个深绿色大理石圆形地面，凸显圆柱的设计，使整体设计更加自然。

除了设计现代化，川水疗亦注重诠释中国传统建筑形式及元素，提供了一个祥和、闲逸且奢华的宁静场所。

走廊受顶梁柱子局限而设计，同时设计师也就此走廊布局而围绕柱子嵌出一部分空间，作为步行区域，亦多出一个声音回旋的空间，避免噪音直线传播至走廊尽头，同时也为贵宾理疗室增加了私密空间。「川」水疗中心提供一系列豪华水疗之旅，所有疗程均以传统中医为本，让您找到属于自己的平和、陶醉和舒适享受，使身心达到最完美和谐的境界。

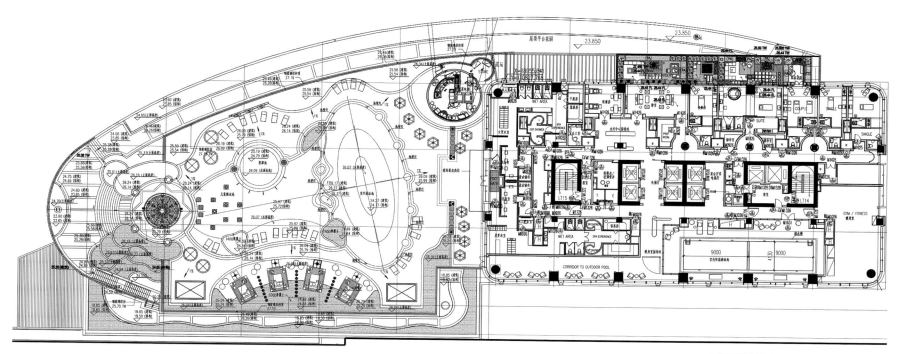

五层平面布置图

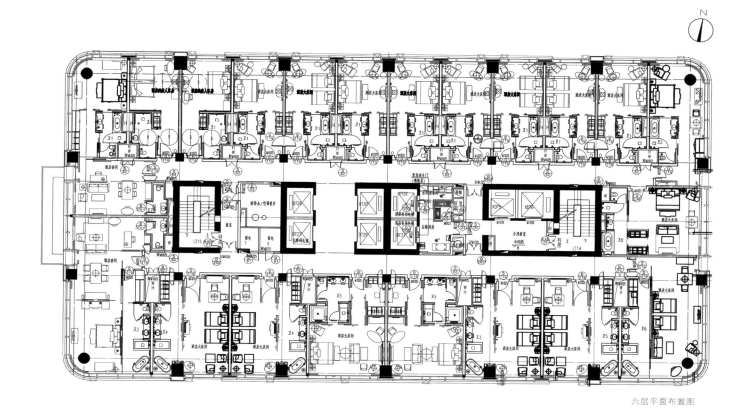

六层平面布置图

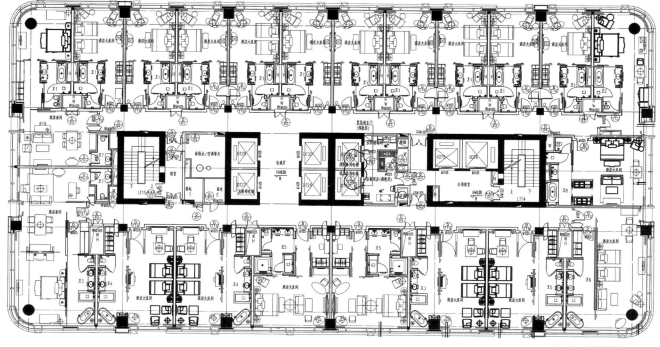

七至十一层平面布置图

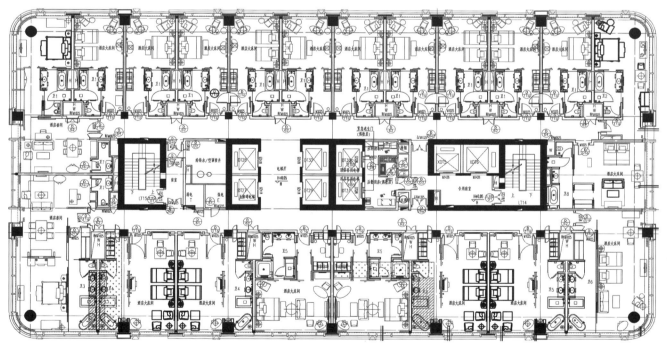

十二至十九层平面布置图

114

酒店地址 ／ 中国北京首都机场三号航站楼二经路1号

连锁品牌 ／ Langham Hospitality Group

客房数量 ／ 372间

楼层总数 ／ 6层

配套设施 ／ 健身中心、商务中心、
会议室、宴会厅、餐厅、酒吧、停车场

Langham Place, Beijing Capital Airport

北京首都机场朗豪酒店

位置：北京

甫到达北京，眼前便出现由名建筑师Norman Foster设计的北京首都机场三号客运大楼——目前世界最大的机场客运大楼，距离新中国国际展览中心和天竺空港工业区只要数分钟的路程，交通四通八达，前往北京市中心、万里长城、紫禁城和天坛等著名景点也非常方便。北京首都机场朗豪酒店是离北京首都机场最近的机场酒店，从机场三号航站楼信步可达。理想的位置令酒店成为商务旅客、展贸旅客及活动筹办公司的首选。

主题：时尚生活+机场酒店

你也许从来未有想象，"时尚生活"与"机场酒店"这两个概念也可以完美融汇。酒店的设计理念时尚且前卫，应用尖端科技水平，营造时尚优雅的氛围，激发住客无限灵感，引发无限创意思维。酒店拥有各类时尚敞亮的客房及套房，阐释着身处时尚生活的终极定

义。五个独具匠心的餐厅和酒吧，足以大大满足人们对美食享受的渴求。广阔的豪华宴会场地，总面积超过2700平方米，为成功举办各种规模的活动提供理想的场地。正是如此的巧妙配对，造就了独一无二的北京首都机场朗豪酒店。既拥有机场酒店之便捷，朗豪那独特的时尚品位、对细节的一丝不苟及专业殷勤的服务，亦始终如一。

空间：细分需求的舒适空间

提供多达22个会议场地，包括宴会厅及各式多功能会议室，适合举行庆典盛会、大型展览，以及亲朋聚会等各种活动。总面积超过2700平方米，大小多功能厅及宴会厅大多拥有自然光线，40到800平方米无限魅力空间，带给你超越豪华的体验。24小时开放的Club L贵宾会占地两层，个性创意与豪华兼具，风格独树一帜。

独特的朗豪餐饮体验：高挂旗帜鲜明的大红灯笼，明阁拥有7间豪华独立包房，令特别场合更显尊贵，为商务宴客、浪漫约会及亲友聚会提供最佳的场地。Fuel：轻松餐饮与多重娱乐享受汇聚一堂，以热情燃烧日与夜！The Place：全日开放，让你无时无刻皆可品尝令人垂涎的中西方美食。Portal-Work & Play：集娱乐与工作于一体的Portal 24小时开放，让你轻松自如掌握行程。

假如你刚刚或即将在促狭的飞机上度过漫长的航程，你一定渴望好好舒展身体。249间"智"客房，面积达45平方米，使用深色木质家俱及现代艺术品的点缀，营造温暖、亲切且优雅的入住环境。"乐"贵宾客房:尽享45平方米雅致空间，并可享用Club L贵宾会设施。

67间顶级套房面积由85平方米至300平方米，体验含蓄的时尚优雅氛围。共50间"适"套房，面积达85平方米，建有独立的起居室与睡房，中间的滑门为宾客营造睡房的私密空间。"尚"复式套房占地两层，共140平方米的复式套房位于六楼，满溢不一样的时代感。下层包括起居室及客用洗手间，上层的睡房附设落地窗，自然光线充足，营造出富有未来感的时尚氛围。"优"复式双房套房一丝不苟的设计，加上玻璃天窗，占地共160平方米的两层高复式双房套房，提供独一无二的豪华空间。下层建有起居室、书房及客用洗手间。

187.8m

一层平面布置图

24m

161.1m

多功能空间　　预功能空间　　非功能空间　　流动空间

vip室　　衣帽间　　秘书处　　电梯　　洗手间

走上楼梯，放眼是卧房，宽敞的卫浴设备及步入式衣占地300平方米、共设有五间睡房的"傲"总统套房，是享乐主意的终极体现，无可比拟的舒适空间，仿如梦寐以求的帝皇式行宫。由踏入八角形中庭的一刻，已经置身于超越想象的世界之中。格调时尚高雅的起居室及饭厅设有配膳间、酒吧、十位用餐桌及附设桌球台的娱乐室。主卧房及客房均附设有独立卫浴设备及先进科技配套设施。升华享受，一间设备齐全的按摩室让你在自成一角的个人世界中，体验一试难忘的水疗护理。

其它酒店称为"特别"的，对这家酒店而言只是"基本"。宽敞的客房设计富有时尚品味，柔软舒适的大床，令你一夜酣睡，漫游梦乡；豪华大理石浴室建有雨淋式淋浴及特大浴池，令身心完全放松；隔音落地玻璃窗令你能置身宁谧中欣赏窗外景致。372间客房及套房，亮点设施为：Dream Big甜梦睡床、淋浴间、独立的超大浴缸、大理石浴室、隔音落地玻璃窗、大屏幕液晶电视、DVD和CD播放器、彩色荧屏互联网协议电话、WiFi无线宽带设施、iPod音响系统。

多功能空间　　　预功能空间　　　非功能空间　　　流动空间　　　电梯

洗手间

酒店地址 / 中国香港九龙旺角上海街555号

连锁品牌 / Langham Hospitality Group

客房数量 / 655间

楼层总数 / 42层

配套设施 / 宴会厅、游泳池、会议室、商务中心、餐厅、健身设施

Langham Place Mongkok Hong Kong

香港旺角朗豪酒店

位置：香港

在香港云云五星级酒店中，唯独香港旺角朗豪酒店散发着与众不同的时尚气息。酒店以创新的角度重新演绎本地文化的繁华与活力，带领客人投入充满惊喜的国度。酒店和朗豪坊通过一条内部走廊相连，即可遮荫避雨又可有效缓解旺角地区超密度的人流量，为旺角地区带来崭新面貌。酒店距离香港国际机场只需35分钟车程，前往中环只需15分钟车程，步行数分钟可到达女人街、庙街和玉器市场等著名市集，连接旺角港铁站和朗豪坊购物商场。

主题：全方位细分式管家服务

香港旺角朗豪酒店化身成艺术画廊，处处展现对艺术的钟爱。位于L楼层的The Place天花特高，从餐厅三边窗户透进来的光线使餐厅洋溢怡人朝气。

位于三楼的Tokoro餐厅洋溢东京六本木的风格。两个贵宾房设计简洁优雅，每个可容纳12人作私人会议用途。客人可选择在炉端烧吧或寿司吧享用与众不同的美食。如宾客众多，可选用格调独特的贵宾房，更有三间私人贵宾房可供预订。

明阁位于六楼，设有两个分别称为"明日"及"明月"的餐厅，设计风格融合现代及中国传统的特色元素，一系列仿照明朝陶器的摆设，衬托四周当代著名中国艺术家的山水画，优雅脱俗。想象置身于发出的阵阵芳香的芒果树下、安坐于时尚欧陆式的户外座椅，或是于舒适特大的豆袋上消闲一番，The Backyard也展现露天消闲热点。The Backyard位于L楼层，占地666平方米，瀑布流水徐徐而下，四周播放着轻快悦耳的音乐。

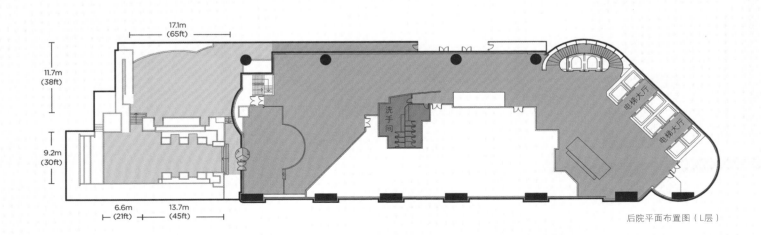

后院平面布置图（L层）

空间：擅长用艺术手法区分空间

"趣"客房位于酒店11至22楼，每间精美客房均设有宽敞大理石浴室，内有特大浴缸连花洒。"智"客房位于23楼以上，透过3米高落地窗，市内醉人景致尽收眼底。房内以玻璃分隔睡房和浴室，营造特强的空间感。大理石浴室内设有格调时尚的玻璃摆设、淋浴间、特大浴缸和柔和灯光。"智+"客房位于30楼或以上，住宿配套让一切变得简易方便。位于36楼或以上，"智"家庭客房面积达66平方米致力让你与家人过一个悠然自在的假期，住宿配套让一切变得更简易方便。配备四张单人床的双卧室设计让父母一边享受悠闲时光，一边让小小小朋友于自己的小天地发挥无穷创意。格调时尚的"俊"客房最适合商务旅客，48平方米的宽敞客房设有落地窗户，坐拥180度璀璨景色，赏心悦目。"乐"贵宾客房是让您乐享悠闲的私人国度。客房位于酒店最高六层，可远眺狮子山到维多利亚港的景色，让您体验高人

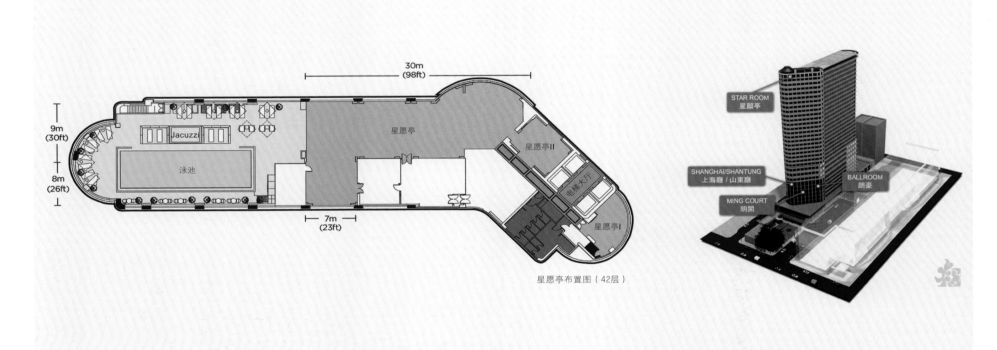

星愿亭布置图（42层）

一等的豪华享受。而走进"川"悠然居Infinity套房，随即投入平衡与和谐的国度，令人感觉心境平静。房内设有豪华Infinity Bath和私人蒸汽室。此外，还有截然不同的新天地"居"套房、投入更广阔的天地的"适"套房和视野无边的"傲"总统套房能满足您的不同需求。

想锻炼体魄的宾客可前往41楼的健身中心。健身中心设有12台心肺功能训练器材、10台力量训练器材，还有全套哑铃和其他健身配件。健身中心之上是20米长的顶层户外暖水游泳池，旁边更设有日光浴场和棚幕。游泳池别开生面地配备奇幻的水底光纤照明和水底音乐，让泳客体验充满动感的畅泳乐趣。离开设有温泉式淋浴、东方热水池和蒸汽室的更衣室，踏上冰凉的灰色石阶，走过瀑布水墙，便来到"川"水疗中心的"心脏"。"川"水疗中心结合传统中医药精髓，强调阴阳调和。所有疗程均以金、木、水、火、土五行为本。

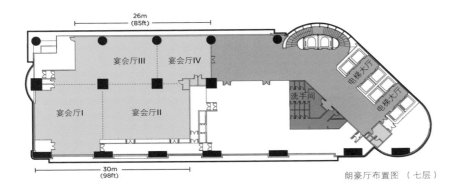

朗豪厅布置图（七层）

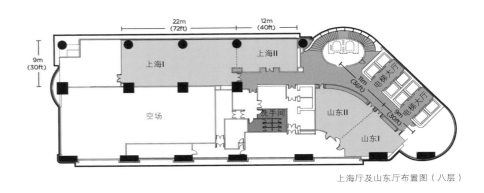

上海厅及山东厅布置图（八层）

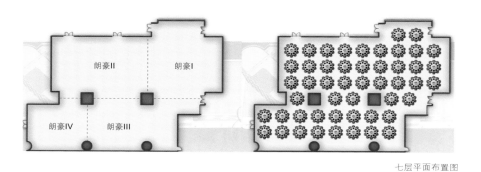

七层平面布置图

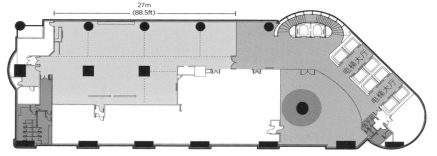

明阁布置图（六层）

酒店地址 / 中国上海奉贤南桥环城东路473号

连锁品牌 / Langham Hospitality Group

客房数量 / 204间

楼层总数 / 21层

配套设施 / 健身中心、商务中心、
会议室、宴会厅、餐厅、酒吧、停车场

Eaton Luxe, Nanqiao, Shanghai

上海南桥绿地逸东"华"酒店

位置：上海

上海南桥绿地逸东"华"酒店坐落在上海的新兴商业区——奉贤南桥。近年来不少跨国集团竞相在此建立起高科技制造工厂。上海南桥绿地逸东"华"酒店亦顺应发展趋势，成为南桥第一家也是唯一一家国际品牌豪华酒店。酒店四周、开阔的摩登建筑、田园诗画般的别墅、经营农家菜的餐馆和充满本土风情的小店无不彰显着这座小镇蒸蒸日上的活力。

主题：把握住宿体验的实质

酒店把握住宿体验的实质，成为旅客的理想之地—简洁，"绿色"清新的环境中蕴含精致与豪华的格调，如同居家般的舒适令旅客触手可及。秉承逸东酒店集团对于环保理念的一贯追求，从各类消耗品到印刷品的选择和使用，上海南桥绿地逸东"华"酒店一律使用环保材料，承担起可持续发展的责任。所有的客房内都设有办公桌及安乐椅、强力冲淋花洒、由环保织物制成的寝具以及其他一系列的一流设施。

房型包括180间设配完备的"华"客房；15间名为"福"雅致套房的转角套房；3间"和"家庭套房，4间"聚"会议套房以及1间"囍"蜜月套房。位于酒店顶层的总统套房占地101平米，奢华至极，可谓"家外之家"，包括独立的客厅，1间卧房，一间餐厅，顶级的设施舒适雅致，精彩的城市景观一览无遗。各式客房及套房为商务及休闲旅客缔造豪华而不繁复，简洁而不简单的住宿新体验。房间面积从33平米至101平米不等，为舒适的起居提供了足够的生活空间，也是旅客结束忙碌工作或精彩活动后尽情放松的一片宁静之地。酒店的高度足以令旅客从任意一间房内尽享户外独到的城市景观。

空间：最适合MICE

毗邻诸多跨国工厂，又贵为南桥第一家也是唯一一家国际品牌豪华酒店，开会、商务用餐自然会来这里。如何让会展旅游更舒适成为酒店探索的问题之一。

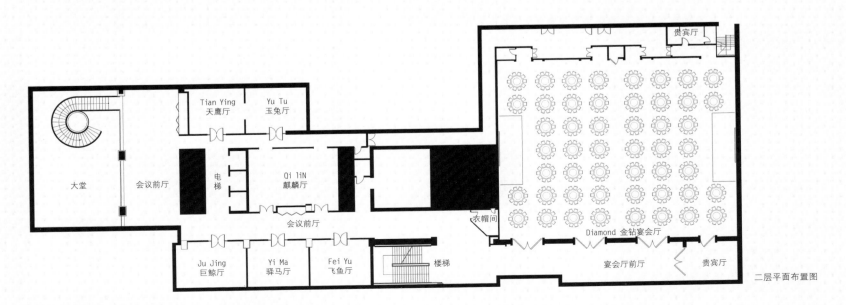

二层平面布置图

坐落于酒店二楼的金钻厅，是可容纳600至800人的大型宴会厅，并可被隔音墙分割成两个区域。另有最大可容纳80人的10间大小不同的多功能会议厅位于金钻厅附近，可为会议团体在会议期间提供更多选择。

餐饮方面，逸东轩的大堂区域装修风格主要为当代中式装饰搭配有趣的创新设计。另外的10间私人包间也可分别容纳20至50人不等。都会自助西餐厅开放式厨房概念让您在就餐的同时收获观赏现场烹饪的乐趣。紧邻都会自助餐厅的是T吧。

巨大的落地玻璃墙将都会酒廊与户外绿化区分开来，却依然不失那份安宁。慵懒地躺在宽敞舒适的沙发上，品上一杯香浓的咖啡或是饮上一杯沁人心脾的清饮，享用一顿丰盛的下午茶或是啜饮一杯餐前餐后酒，这是何等快意。

曼斯特是一个小型的咖啡吧,位于自然光充裕的酒店大堂的一个角落里,主营现煮咖啡和美味小食。若是天气晴好,宾客可以通过咖啡吧的出入口来到户外,在品尝佳肴的同时尽情沐浴和煦清风。

环境静谧的榆榕庄水疗中心是舒缓压力的绝佳去处。设有五间设施一流、充满格调的私人理疗室,并分别装配了淋浴系统和桑拿房。其中一间理疗室为双人间,配有一个旋涡式按摩浴缸,十分令人享受。

三层平面图

酒店地址 / 中国香港九龙弥敦道380号
连锁品牌 / Langham Hospitality Group
客房数量 / 465间
楼层总数 / 21层
配套设施 / 健身中心、会议室、
宴会厅、餐厅、酒吧、停车场、游泳池

Eaton, Hong Kong

香港逸东酒店

位置：香港

香港逸东酒店位于九龙弥敦道商业和购物区的中心地带。步行到港铁佐敦站仅3分钟，临近富有特色的庙街夜市和玉器市场等旅游景点，前往中国客运码头车程只需5分钟，前往港铁九龙站乘坐机场快线仅5分钟。

主题：环保型酒店

位于九龙弥敦道380号黄金地段的香港逸东酒店，是一间以可持续发展理念为原则的酒店。逸东积极提倡有关环境及社会绩效的方案，以降低整体资源消耗量，提高员工、供应商、客户及客人的成本效益及环保意识。

在酒店大堂张贴可持续发展承诺，全面停止以濒危绝种野生动物如蓝鳍吞拿鱼等作食材，设计以环保为主题的服务，如绿色会议、无翅婚宴及可持续海鲜婚宴等，鼓励客人实行低碳生活。酒店推出崭新的时尚客房，简单而富现代感的时尚室内装潢，为旅客提供物有所值的居停选择，领略旅港的趣味。时尚客房设计简约，其开放式空间配搭时尚组合桌柜，极富现代感，予人清新舒适的感觉，住客更可随个人喜好，调教室内灯光及活动布帘营造

气氛，房内备设应有尽有的设施，如免费无线上网服务、iPhone音响设备及逸东品牌的标志Ezzz床品及寝具等。客人更可从时尚客房的细节，体现酒店的"可持续发展"营运理念——墙身装嵌的LED(发光二极管)照明设备、由具环保效益的胶质物料制成的摩登梭织地板及以回收物料循环再造而成的时尚隔音墙等，充分展示环保商品的时尚新貌。

空间：垂直花园进驻酒店

酒店L楼层（大堂楼层）引入一幅6米×8米的室内垂直花园，让旅客也能够亲身体验可持续性发展的好处。垂直花园由3000多株具有空气净化功能的虎尾兰组成，虎尾兰产生的阴离子为其他植物的30多倍，并且会使植物体周围的细菌、霉菌孢子数量减少，亦有抑制活性氧的作用。这种被公认为"天然清道夫"的植物，一盆便足以净化10平方公尺的空气以及清除空气中的有害物质，特别是苯、甲醛及三氯乙烯；与其他的室内植物不同，虎尾兰不论日夜均可以吸收二氧化碳并且于日间释放出氧气，在日本、台湾及韩国都是相当受欢迎的观叶室内植物。它更能为酒店减少以往调节室内空气质量及温度的用电，帮助逸东实践酒店对可持续发展方面的承诺。

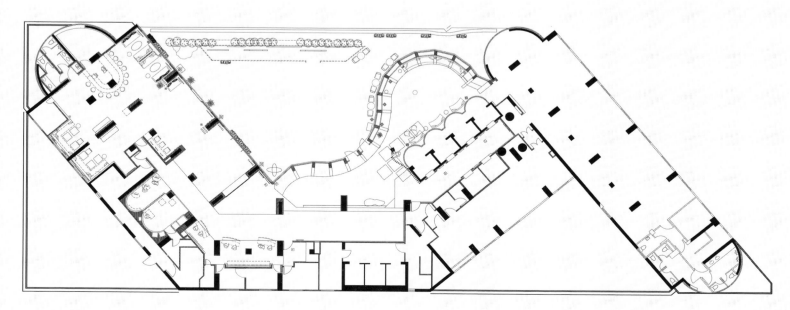

四层平面布置图（大堂）

143

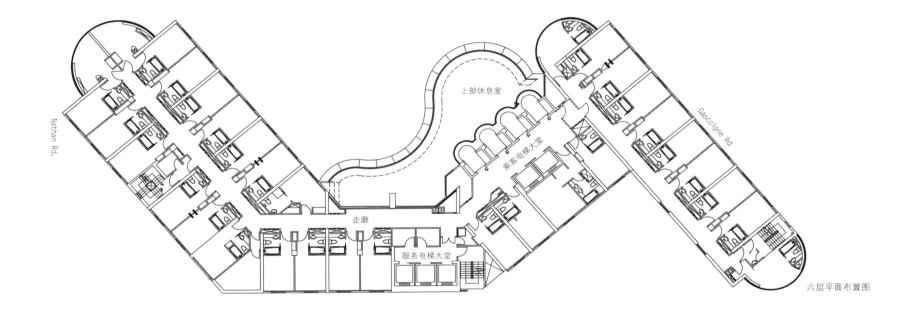

六层平面布置图

除此以外，酒店在打造L楼层时对所采用的物料也份外留心，譬如选用竹为L楼层地板及墙壁的素材，因为竹的生命力很强，而且很容易生长，在没有任何损毁的情况下，竹每4至5年收成一次，重新的速度比其他植物快，极具可持续性发展的特质；而且竹的弹性很强，即使不用再加工也很坚固，大大减低维修地板时所需的化学物品。

而T空中花园的外墙亦选用了3M微层光学隔热膜，薄薄的隔热膜能够阻隔紫外光，令室内更清凉，也为地球节省多一份资源。

146 · 香港逸东酒店 *Eaton, Hong Kong*

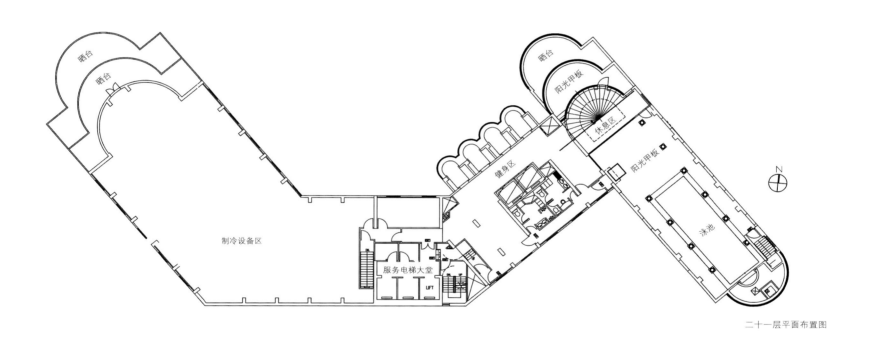

二十一层平面布置图

EMBASSY SUITES
HOTELS®

─────── **品牌介绍** ───────

Embassy Suites hotel是希尔顿酒店集团的旗下品牌，建于
1983年，创造了饭店业全套房饭店概念，并在该领域的系统
规模、地理位置、品牌识别等方面保持着领先地位，是全美
最大的高档、全套房饭店品牌，套房总数超过其它任何竞争
饭店的全部套房之和。200多家连锁酒店遍布美国、拉丁美
洲和加勒比海地区，酒店选址常在海滨、高尔夫球场或者赌
场等休闲娱乐场所附近，是一家舒适度假型的酒店。酒店致
力于为宾客提供宽敞、舒适及高满意度的住宿体验。

酒店地址 / Calle 70 No.6-22, Bogota, Columbia
连锁品牌 / Embassy Suites by Hilton
客房数量 / 96间
楼层总数 / 8层
配套设施 / 土耳其浴室、桑拿房、SPA、
餐厅、健身中心、停车场、礼品店

Embassy Suites by Hilton Bogotá - Rosales

波哥大－罗萨莱斯希尔顿大使套房酒店

位置：波哥大

该4星级酒店紧邻安迪诺商业中心及安迪诺商城。繁华的Zona Rosa分布着餐厅和酒吧距离酒店有5分钟的车程。机场距离酒店有45分钟的车程。

主题：和山城融为一体

波哥大被誉为"南美的雅典"。它虽然靠近赤道，但因地势较高，气候凉爽，四季如春；因地处哥伦比亚腹地，保留着丰富的历史文化遗产。城市近郊山岭环绕，林木苍翠，景色壮丽，是美洲大陆上的著名旅游胜地。

酒店外墙采用小块棕色偏红砖，古朴典雅，和周围环境融为一体。外立面极为简洁，仅裸露几扇窗户。要不是入口处一块酒店标牌被灯光照亮，你定不会发现它。有别于其他酒店层层叠叠的鲜花点缀，酒店周围摆放了多盆松柏，凸显出肃穆的气氛，清新的格调扑面而来。

空间：新旧材质的对比，森林中的屋子

或许有人觉得砖结构太过死板，设计师选用了玻璃材质作为对比，譬如窗户、挑檐、屏风等，借用天光折射出通透的感觉，让客人觉得入住此地，既有砖墙的安全、古朴，又有玻璃带来的现代气息。餐厅局部采用树叶图形的玻璃材质作为隔断，样式类似于中国传统的屏风，而整体空间无论是沙发还是地面、墙面等均选用深浅不一的棕色调。在此，你会明白画龙点睛的真正含义。

酒店的大堂里，没有一朵鲜花，取而代之的是看似自由生长的绿色植物。整体空间也同样是大地色系，主题墙上绘有骏马图。大堂利用天然采光，虽然有人工的沙发、挂画等，但整体感觉非常接近大自然，好似森林中的一间屋子。

酒店的所有客房皆配备有沙发床，且地板铺有地毯，设有有线电视和迷你吧。卧床备有羽绒被和埃及棉床单，透过窗户，可欣赏城市和山峦景色。总之，这是一家极利于休养生息的酒店。

酒店地址 ╱ 4550 La Jolla Village Dr, San Diego, CA, 92122, USA

连锁品牌 ╱ Embassy Suites

客房数量 ╱ 340间

楼层总数 ╱ 12层

配套设施 ╱ 餐厅、天井花园、露天酒吧、
会议室、健身房、室内泳池、屋顶泳池

Embassy Suites San Diego - La Jolla

圣迭戈拉荷亚大使套房酒店

位置：圣迭戈

椰影婆娑中的圣迭戈拉荷亚大使套房酒店酒店位于美国加利福尼亚州圣迭戈市的商业区，靠近加州大学圣迭戈分校、盖泽尔图书馆和Birch水族馆。酒店距La Jolla海湾6公里，距Torrey Pines高尔夫球场仅5公里，在此可享受多种娱乐活动。

主题：扑面而来海洋气息

圣迭戈市被誉为"美国运动之城"，酒店地处海滨，又距水族馆仅2千米路程，优越的地理位置使设计师将清新自然的"海洋风"贯穿于整个酒店空间。

回字形的酒店建筑让您一进大堂就能感受到酒店幽静的天井花园，花园中小桥流水，旅途的疲惫顿时消除不少。前台位于大堂右侧，以浅蓝色玻璃为背景墙，分成两个大理石台面的接待台，入住与退房的工作人员各司其职，避免了客流高峰的忙乱。

正对天井的大堂中心区域铺设了一块圆形草绿与蓝灰色花纹的地毯作为休息区，四张蓝灰色的坐垫、大地色靠背、草绿色靠垫的矮脚沙发围着茶几摆成一圈，与地毯的色调协调一致。酒店内其他的公共区域如餐厅、会议室等也采用了相同图案的地毯。此外，天井花园中开辟了休息区，采用了更为休闲的藤编沙发，配上海蓝色的布艺坐垫，让人不自觉地联想到海洋与沙滩。

客房也以这三种颜色为主色调：大地色的地毯花纹经过精心选择，采用了细波纹图案，浅咖啡色的墙面素雅清新，沙发则选用了两者的中间色，蓝和绿的床单和抱枕靠垫恰如其分起到点缀作用。

海洋气息在酒店餐厅更体现得淋漓尽致，营造出幽静、深邃的空间感。浅蓝色墙面上浮雕的波浪起伏着，配上柔和灯光的投射，有着些许动感。海蓝色玻璃台面的餐桌让盘中的海鲜似乎都变得鲜活起来，碎石块砌成了柱子仿佛海岸边的礁石，墙上的海景照片更让人浮想联翩。

空间：回字形布局的共享空间

地处地震频繁的加利福尼亚州，而回字型的结构相对于单面排布的形状来说稳固性是要强一些，客房数量相对占地面积来说又较多，也因为酒店地处城市商业区，建筑物占地以纵深发展，应尽量少占街面位置的形态存在。为此，设计师选用了回字形建筑，即把外围一圈设为客房，内部一圈设为公共区域。回字形构造也是出于方便酒店管理和减少行走距离等方面的考虑：可以以循环的方式走完一圈，不用走回头路，避免和行使下一道工作程序的人员碰头交汇。

"回"字形的建筑在客房量较多的美式酒店中得到广泛运用，酒店因此拥有一块数百平方米的天井，设计师充分利用这块空间，分割出了餐厅、休闲区和自然景观区。设计师甚至在天井中开辟出一条蜿蜒的小河，河堤以大块鹅卵石垒起，两边种上各种枝繁叶茂的美洲植物，并且人工搭建成起伏的地势，使河流有顺流而下地动感，几颗七至八层楼高的乔木沿河而种，让人产生置身于热带雨林中的错觉。"回"字形所构成的共享空间的好处在于——不是只有在天井休息用餐的宾客才能享受到如此美景，而是每层楼的宾客只要走出房门，从走廊上都能低头俯瞰这个小小的植物园。为了不遮挡住宾客的视线，走廊围栏上大部分都采用铁艺栏杆，而不是通常所见的水泥浇筑。

作为共享区域顶部的屋顶同样别有洞天，设计师将露天泳池与屋顶花园巧妙融合，草坪、灌木、棕榈树高低错落，圆形的冲浪泳池和沙滩椅动静结合，即使在高楼林立的城市也享受到海边的乐趣。屋顶另一块区域被开辟为露天酒吧，藤编沙发靠墙围放，中间是石块垒砌的火炉，轻松、自然的氛围被很好地烘托。

SORELL HOTEL
RÜTLI

——————— 品牌介绍 ———————

13座个性化和人性化管理的城市宾馆和度假宾馆分布在瑞士7个不同的城市，遍布瑞士的10个城市和地区,每座宾馆都处于黄金地段，每座宾馆都是独一无二的、每座宾馆都是一颗璀璨的明珠、每座宾馆都别具一格—这就是Sorell宾馆集团下属各家宾馆的出类拔萃之处。

这些酒店占地不大，大多地处僻静的都市一隅，可俯瞰湖光山色。虽然按照欧洲标准，他们被定义为三至四星级，但它们小而精品，一点都不输于众多五星级的奢华酒店。相反的，入住过Sorell Hotel的人定能终生难忘，那就是差异化市场定位的结果。从顶楼露台到酒店，您可以享有城市、苏黎世湖和山脉的美景。对于会议和演讲报告，Sorell推荐您备有最新科技的会议室。来此会客，私密而亲切，来此度假，宁静而舒适。过去数年，Sorell宾馆集团下属宾馆已成了研讨会和大会主办者可靠、创新的合作伙伴。此外，多家宾馆还提供个性化的高档宴会和鸡尾酒会。暂离日常的喧嚣、放松自己、补充能量和活力，让身体和精神得到平衡和休养生息，总之，Sorell是深受人青睐的商务和休闲宾馆。

酒店地址 / Germaniastrasse 99, Zurich, Switzerland
连锁品牌 / Sorell
客房数量 / 7间
楼层总数 / 4层
配套设施 / 餐厅、酒吧、露台

Sorell Aparthotel Rigiblick

瑞吉之光酒店式公寓

位置：苏黎世

酒店位于瑞士第一大城市苏黎世，靠近苏黎世大学、瑞士国家博物馆和苏黎世动物园，附近还有圣母教堂。这座大隐于市的酒店地处山坡上，周边风景秀丽，可远眺群山，为观光游客和冬季滑雪爱好者提供温馨的居家住宿体验。

主题：朴素无华、简约舒适的瑞士风格

酒店虽地处世界金融中心苏黎世，但位于城郊依山而建的酒店却延续了瑞士传统建筑朴实无华的风格。酒店是幢4层的小楼，典雅和精致。斜坡式的尖顶石屋顶，木头梁柱，白色的外墙，在窗户的建材上稍作改良，没有用瑞士山区常见的向外打开的木质百叶窗，而是以正方形的全景玻璃窗搭配木质外框代替。

酒店仅有7个套房，格局各不相同。与其说是套房，不如说是个大通间，卧室、客厅、卫生间等各个功能区域的划分仅以布帘、橱柜完成，省下了建墙、粉刷等复杂工序，降低了建造成本。布帘的轨道被钉在天花板上，拉出一道优美的弧线，搭配白色纱帘，柔美梦幻。房间地面全部铺设米色的原木地板，没有地毯等过多装饰，却依旧显得舒适。房内有整套的布艺组合沙发，必要时还可以拼出一张舒适平整的单人床。卫生间盥洗台上方是高至天花板的整面镜子，边上用支架固定了一面可调整角度具有放大效果的圆形化妆镜，集梳妆镜与穿衣镜功能于一身。

酒店的2间餐厅和酒吧都位于酒店2层，处于同一空间，没有特意区隔开来。这样安排的好处是使得油烟、排污等在同一出口，避免影响到客人的居住质量。正式的西餐厅占据了正对超大玻璃窗户

的空间，白色餐布将餐桌完全包裹，黑色高背的西餐椅配上红色坐垫，这三种颜色搭配出端庄之感。一旁餐厅和酒吧的混合区域则更显随意和自然，简约风格的本色原木四方餐桌和黑色木椅，突出实用性，就像在平常瑞士人家中那样。靠墙的位置留给了酒吧，红色与绿色的超宽布艺沙发面对面摆放，中间是白色正方体木质小桌，这种撞色的搭配十分符合酒吧轻松活跃的气氛。天气晴朗时，您还可以选择在露天餐厅用餐。

空间：镂空屋顶+U型露台，与大自然零距离

一个好的设计师能把文化、社会和地形学等多种元素融入到自己的设计中去。在瑞士不存在某一种瑞士标准式建筑，Sorell Aparthotel Rigiblick是融合了多种风格的。

苏黎世冬季寒冷的气候使得瑞士传统房屋大多采用尖顶式屋顶。Sorell Aparthotel Rigiblick沿用这种传统建筑模式。因为尖顶，在顶楼的部分房间总会有一块类似阁楼的空间，整面墙壁向外倾斜。设计师在这面墙壁上挖出了几个天窗，白天，屋内的采光顿时明亮起来；晚上，您更可以透过玻璃窗欣赏夜空中的点点繁星，增加了浪漫的住宿感受。

瑞士素来以其宁静的蓝色湖泊和皑皑雪山闻名于世，酒店自然不会放过利用这得天独厚的自然条件，最大限度地为宾客创造置身于大自然的感受。为了不破坏主体建筑结构，酒店在庭院靠近山一侧的二楼搭建出一块大约两三百平方米的露台。露台底部以绿色木桩支撑，四周用拱形木条作为围栏，上面铺设防腐木条地板，摆放上黑

色藤编椅子和木质餐桌，构成一个环境清幽的露天餐厅。餐厅的建筑用材全部取自自然，比如木头来源于周边森林等。就地取材最能考验设计师的设计能力，因为本土材料都是有限的。在此就餐，远眺苏黎世湖和苏黎世老城区，幸运的话还能一睹太阳照射下金色雪山顶的奇观。露台下方的底层空地也安放了遮阳伞和休闲椅，如您不想就餐，也可以选择在此稍作休息，呼吸山间的清新空气，享受天然氧气SPA。桦树板皮的运用更像是设计师为这个酒店局部穿的衣服，那些树皮会随着时间的流逝老去。风雨在不断地强化着这个建筑的身体体量。最终，建筑的材料性紧密地跟形式交织在一起；材料性支撑着形式的效果。向乡村生活致敬，或许是设计师要表达的。

酒店地址 / Bahnhofsplatz 2, Aarau, 5001, Switzerland
连锁品牌 / Sorell
客房数量 / 81间
楼层总数 / 7层
配套设施 / 餐厅、酒吧、桑拿浴室、会议室

Sorell Hotel Aarauerhof

索雷尔阿劳酒店

位置：阿劳

索雷尔阿劳酒店位于瑞士北部小城阿劳，交通十分便利。它紧邻中心火车站，可搭乘火车前往瑞士主要城市。酒店距离A1高速公路入口仅数分钟车程。

主题：外冷内热，橘色系营造温馨

墙体巨大而厚实，外置的旋转式消防楼梯，酒店建筑的四个拐角处外立面用灰白色略带凹凸感涂料从上至下粉刷，其余部分采用深灰色砖面覆盖。正面两种颜色交接处竖起了一根黑色长柱，被像拉开

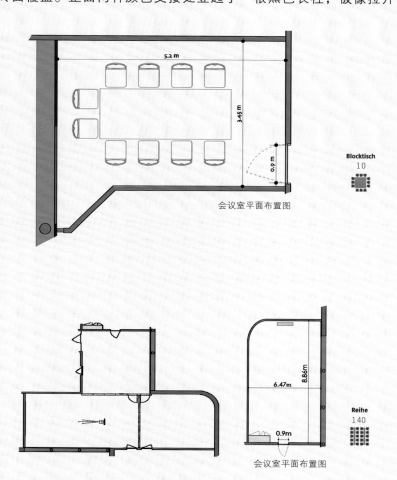

会议室平面布置图

会议室平面布置图

了的黑色胶卷从上至下包裹着，造型独特。凭此酒店外观，给人一种严肃、冷静的感觉。阿劳是德语区，相比瑞士浪漫色彩的法语区来说，人们更喜欢简洁、线条分明的建筑物，运用色彩的明暗来对视觉进行冲击。瑞士没有固定的建筑模式，新旧建筑混杂，这幢颇具现代感的酒店和周边典雅的古代风格、纤致的中世纪风格、富丽的文艺复兴风格、浪漫的巴洛克丝毫没有格格不入，从而产生了具体而丰富的文化现状——既不拒绝，也不彻底分离历史。

虽然有些东西看上去简单，但是那不意味着感知它们的时候，我们会以简单的方式去感知。踏入酒店内部，深浅不一的橘色系的运用顿时让您被温暖包围。大厅的地面用深浅两种橘色瓷砖拼接成大格的菱形，休息区的浅黄色沙发下铺着红色地毯，前台也采用浅橘色的木料建成，大厅角落点缀着几株绿色植物，置身在此，温暖感从心底油然而生。

建筑是有关整个身体的体验，设计师要利用这一点。酒店的客房从头到脚都用木头做的覆层。墙，地面，天花，跟水泥走廊形成了鲜明的对比。混凝土的回音是冷回音，而木头的回音是暖回音。客房内同样大面积地使用橘色，浅橘色的木条拼接地板、深橘色的床架和床头、书桌、沙发、椅子和木板装饰墙面，甚至房间内的装饰用花都选用了橘色系以保持风格统一。卫生间的地面、墙壁和浴缸外围整体贴上了白色瓷砖，然而设计师仍然不忘在此加入橘色元素，将天花板用橘色木条吊顶，扫除了全部白色带来的冰冷感觉。

餐厅地面与大堂相同，长方形的自助餐台则是深灰色与砖红色大理石贴面，上面配上火炬形的灯具照明，橘色和黄色的墙壁更使整间餐厅变得明快起来。通过整合"简单形式"，通过材料以及材料所保证的效果，设计师才能激发人们广义的认同感。

宴会厅平面布置图

空间：亦分亦合的会议场所

宽敞的会议空间是酒店吸引商务宾客的一大亮点，酒店为此划出了将近400平方米的空间布置会议室，整体呈横竖两个长方形。这块会议空间没有机械化地分割成各类会议室，而是采用了可移动、可拆卸的屏风作为隔断，如此一来，可根据不同会议人数、不同桌椅摆放要求，灵活地改变空间大小，小至18平方米可用于召开各种团队会议，大至213平方米可召开公司年会。而且比起建造多个房间，采用隔音板屏风及安装屋顶滑动轨道要缩减不少建造成本。如果把中间的屏风隔断全部拆除，这块空间瞬间变成一个长方形宴会厅，可同时容纳120余人出席商务宴请或社交舞会。

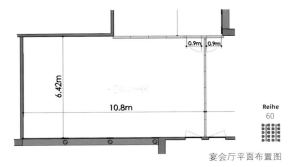

宴会厅平面布置图

酒店地址 / Laupenstrasse 15,CH-3001 Bern, Switzerland
连锁品牌 / Sorell
客房数量 / 59间
楼层总数 / 6层
配套设施 / 餐厅、酒吧、会议室、花园

索雷尔阿多尔酒店

位置：伯尔尼

索雷尔阿多尔酒店位于瑞士首都伯尔尼中心，离火车总站步行即可到达，距伯尔尼机场20分钟车程，交通便利。酒店距富有魅力的伯尔尼老城只有几步之遥，附近还有联邦大厦、熊苑、伯尔尼大教堂以及钟楼等名胜古迹。

主题：朴素淡雅，实用便捷

酒店外观简单朴素，没有特立独行的设计，是幢中规中矩的长方体建筑，外立面贴上灰色砖面，与伯尔尼老城区古老建筑风格一致，酒店外墙没有过多装饰，仅在一二层墙面和转角最高处的墙面挂着醒目的酒店LOGO和名称。

酒店大堂丝毫不铺张，没有高档地毯，没有挑高大厅，没有复古水晶灯，只用木板围出一个半圆形前台。前台强调了实用性，集接待处与大堂吧功能于一体，节省了空间与人力资源。前台靠大堂吧的部分以红色油漆粉刷，与桌椅色调保持协调。大堂还准备了公用电脑方便宾客临时查询各种信息，只不过被设计成只能站着使用，提高了空间利用率和使用效率。

客房以朴素淡雅的素色为主色调，米黄色与粉蓝色成为首选。卧室墙面与窗帘选用了米黄色，地面则铺设黄褐色地板，同属一个色系又不会显得头重脚轻。卫生间墙面全部用粉蓝色瓷砖贴面，光滑的瓷砖方便保洁人员清理保养，由于房间面积狭小，卫生间以及地玻璃门的淋浴房代替了浴缸，房内唯一的亮色来自于墙头的抽象装饰画，稍许活跃了气氛。酒店还准备了两间无障碍房间供残障人士使用。

会议室同样运用清新淡雅的色调。绿色有镇定情绪的作用，浅绿色的可移动屏风隔断和浅绿色的窗帘，让您能在紧张会议中保持沉着冷静。米黄色原木会议桌以不锈钢桌脚支撑，轻便实用。柔和的节能日光灯照明更贴近自然光，有效缓解了用眼疲劳。

空间：以电梯为中心点的整体布局

与一般酒店将电梯放在不太起眼的角落不同，Sorell Hotel Ador酒店却将两部电梯设计在近乎正方形酒店空间的中心位置，一二层的各个功能区域和三至六层的客房全部围绕电梯间分布开来。在大堂，前台就位于电梯边上，方便宾客办理入住登记后直接拖着行李进电梯，餐厅、大堂吧分别位于电梯出口的两侧，不出几步路即到。在客房楼层，正对电梯的较大空间被设计成套房或家庭房，本着经济实用的原则，为了最大程度地将空间留给客房，酒店压缩了过道的位置，在两侧分别隔出了6间面积相同的标间，走出电梯，无论您是入住哪间客房，都不需走太多路。

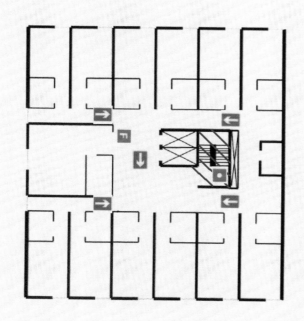

酒店地址 / Mittelstrasse 6, CH-3012 Bern, Switzerland
连锁品牌 / Sorell
客房数量 / 41间
楼层总数 / 5层
配套设施 / 健身中心、商务中心、
会议室、宴会厅、餐厅、酒吧、停车场

Sorell Hotel Ador

索雷尔阿拉贝尔酒店

位置：伯尔尼

地理位置优越，酒店是伯尔尼短途游的理想出发点。在这里，旅客们可轻松前往市区内各大旅游、购物、餐饮地点。对于喜欢冒险的游客来说，联邦行政国会大厅旅游再合适不过。

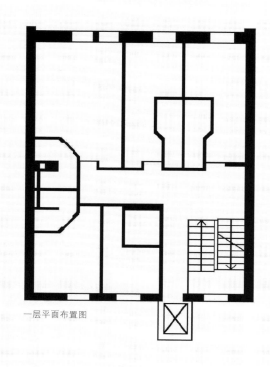

一层平面布置图

主题：清新蜡笔色

提起蜡笔一词总能想到那些快乐的童真时光，正值春日阳光明媚，带着天真无邪的可爱模样，蜡笔色大热，给房间加一抹蜡笔色，让你的居家生活也趣味盎然起来。每个女人心中都住着一个小女孩，她喜欢用蜡笔涂鸦着春天的模样。那种青涩带来不造作的笔触，满载着纯真和好奇之心，为这个春天带来的回味，让你的休闲时光也趣味盎然起来，无论卧室还是餐厅，时空转变不同的好心情。

空间：童真感空间

作为一家传统客栈，酒店的占地面积并不像诸多豪华酒店那样大，相反，小巧玲珑更像一个家。因此，让空间不局促，显得温馨是两大设计重点。设计师通过多种色调的混搭来扩大空间，大胆的运用撞色，大堂的红配绿色不艳俗反而显得清新。

餐厅因为诸多设备安装在顶部，设计师索性将设备封住，局部镂空成一个圆形，圆形被涂抹成蜡笔笔触的蓝色调，让人浮想联翩。餐桌周围是藤蔓类植物在平面上展开，立面主题墙则是透过玻璃挂画，有竹子、郁金香等不同的植物，显出蓬勃生机，给您带来好食欲。此种采用招贴画背景烘托气氛的形式在小空间中尤其值得借鉴。

酒店地址 / Seefeldstrasse 63, Zurich CH-8008, Switzerland
连锁品牌 / Sorell
客房数量 / 64间
楼层总数 / 6层
配套设施 / 健身中心、商务中心、
会议室、宴会厅、餐厅、酒吧、停车场

Sorell Hotel Seefeld

索雷尔泽费尔德酒店

位置：苏黎世

酒店享有良好的公交连结和自己的地下停车场，许多城市的观光地和名胜均位在酒店附近，包括苏黎世湖及其宁静的散步步道、歌剧院、电影院和博物馆，以及苏黎世风景如画的古城。对于购物及娱乐，Seefeld区和城市内提供广泛一系列的机会：服饰和流行商店、家具和设计师精品店、理发美容院、高级的餐馆和酒吧等。

主题：欧式风貌的老牌酒店

这家酒店占地面积不大，却给人很深的印象。外部采用大理石柱体支撑，夜晚衬上蓝白色灯光，摩登感十足，特别是每到用餐时间，令无数路过此地的本地人垂涎。酒店的大堂入口门很小，相反的，大堂餐厅的玻璃比例比入口门大许多。好餐厅是酒店吸人眼球的制胜法宝，大厨是酒店最好的招牌，客人的赞美是这里最好的口碑。

空间：混搭新古典，真浪漫

三星级高级设计的索雷尔泽菲尔德酒店位在苏黎世中心令人感到愉快的Seefeld区，设有自家的地下停车库（设有气泵）。酒店庭院设有额外的停车处。

酒店的四壁是白色，中间一条铺设的玫瑰红地毯沿着弯曲的楼梯自然伸展，在地灯星星点点的映衬下典雅端庄的高贵气质扑面而来。楼梯，也成了这家酒店的设计轴心。

设计贵在实用。除了楼梯颇具实用功能之外，酒店并无繁复的新古典风貌。相反的，运用了大量现代设施突显出现代气息，商务中心、会议室皆是如此。

一层平面布置图

二层平面布置图

178 · 索雷尔泽费尔德酒店 *Sorell Hotel Seefeld*

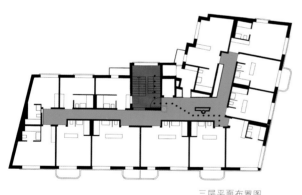
三层平面布置图

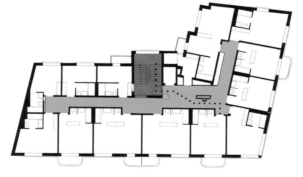
四层平面布置图

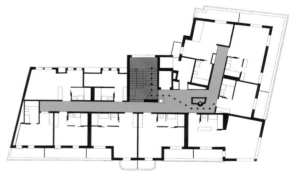
五层平面布置图

房间运用天然材质，如实木，白色墙面，布艺床单，无更多做作的多余的设计元素。设计师很好的运用了斜顶的天然采光，把阳光照进卧室，对于苏黎世这样一个较寒冷气候的地方显得尤为重要。试想，如今都市繁忙的人们在酒店里睡个暖洋洋的懒觉是多么惬意。

方格地砖铺设的顶楼露台，配上几把鲜艳的靠背椅子，又有些上世纪80年代的复古味道。在此，您可以享受到城市、苏黎世湖和山脉的美景。午餐时段，迷人的Designer Bar酒吧供应汤品和冷的小吃；在晚间，该酒吧则是与朋友一同享用开胃酒或睡前酒的理想场所。

酒店地址 / Sihlstrasse 9, Zurich, 8001, Switzerland
连锁品牌 / Sorell
客房数量 / 84间
楼层总数 / 5层
配套设施 / 餐厅、酒吧、会议室、花园

Sorell Hotel Seidenhof

索雷尔赛顿霍夫酒店

位置：苏黎世

这家休闲型商务酒店位于瑞士金融中心苏黎世老城区，交通便利，离苏黎世火车站仅几步之遥，靠近林登霍夫、圣母教堂、瑞士国家博物馆和街彼得教堂等著名景点，步行即可到苏黎世湖畔。离苏黎世商业中心也很近，附近商店、餐厅、酒吧林立。

主题：红与黑营造的新古典风格

L形的酒店占据一个街角，酒店本身是苏黎世城区的一幢古老建筑，以石材为主建材，厚重端庄，楼层间偶尔有石刻的花纹装饰。像传统瑞士房子那样，酒店在窄长形的玻璃窗以及装饰性的铁艺阳台外摆放着红艳艳的鲜花，为灰色的大楼增添了一抹亮色与生机。

无需反复的线条，仅仅是红与黑这两种色块的大面积运用就很能营造新古典主义般的美感。新古典的主要特点是"形散神聚"，用现代的手法和材质还原古典气质，设计具备了古典与现代的双重审美效果，完美的结合也让人们在享受物质文明的同时得到了精神上的慰藉。在传统美学的规范之下，运用现代的材质及工艺去演绎传统文化中的经典，摒弃过于复杂的肌理和装饰，简化线条，这不仅使该酒店拥有典雅、端庄的气质，并且具有一种明显的时代特征。

酒店大堂、楼梯过道、客房都采用了红与黑为主色调，这两种颜色都属于较浓厚的色彩，有一种厚实的感觉，饱满的颜色形成了强烈的视觉对比感。大堂内黑色的方形地砖、前台、窗框和书报架搭配红色的墙面与座椅，经典的色彩搭配突显了酒店的端庄。在苏黎世这个寸土寸金的地方，客房空间不大，一至四层每层分隔出21间客房，老建筑不宜安装电梯，因此在L形走道的两端是楼梯间。与大堂不同，每层楼过道和楼梯转角处铺设了红色的地毯，并贴心的摆放了沙发，供年迈的宾客中途休息。客房推崇简洁实用，白色的墙壁不加任何装饰，硬体家具一律用黑色，而椅垫、沙发、毯子、枕头等软装则用了红色，在整体红与黑的卧室里，窗前轻柔的白色窗纱、桌上盛开的鲜花，只需细节处的温柔点缀，也能让丝丝温情从红与黑中隐隐传递。

空间：亚洲主题餐厅+返璞归真天井花园

酒店认为，就像食品安全一样，用餐环境也是件很严肃的事。酒店底层有间名叫mjshjo的亚洲风味餐厅。黑色地砖与半开放操作台墙面，更能凸显出新鲜食材的靓丽色泽，让人食指大动。它体现了现代亚洲式样设计很简朴的一面。橙白色系的搭配，方正格局和家具式样，原木材质无不彰显出一种严肃、高级的感觉。

L形酒店建筑内侧围出一块天井，被酒店用来作为露天餐厅，地面用碎石铺设，看似随意却透出自然原生态气息。因为餐厅提供亚洲风味料理，酒店特意选用了中国最具特色的植物竹子作为围栏圈出餐厅范围。餐桌与椅子用深褐色木条制成，为了统一风格，连中间的花坛也用木条包围。为了避免室外阳光直射紫外线造成的伤害，酒店支起了木架，上面搭起白色帆布遮阳棚，阴天的时候可以撤去。

一层平面布置图

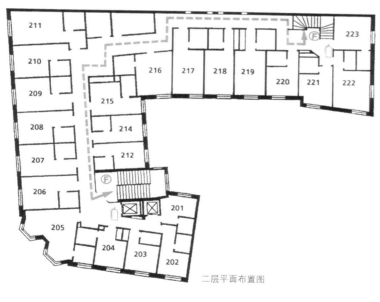

二层平面布置图

三层平面布置图

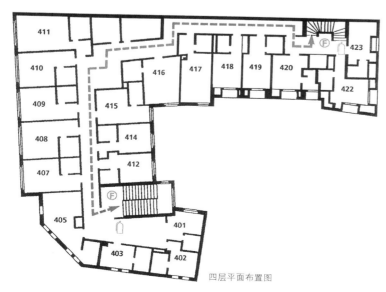

四层平面布置图

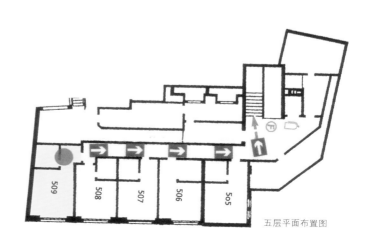

五层平面布置图

酒店地址 / Am Platz 3, Ch - 7310 Bad Ragaz, Switzerland
连锁品牌 / Sorell
客房数量 / 51间
楼层总数 / 5层
配套设施 / 餐厅、酒吧、花园、会议室、温泉浴场

Sorell Hotel Tamina

索雷尔塔米纳酒店

位置：巴德·拉加茨

镶嵌在瑞士海蒂地区风景如画的群山之中的索雷尔塔米纳酒店位于富有魅力的瑞士度假胜地巴德·拉加茨（Bad Ragaz）中心。巴德·拉加茨是一个位于路途险恶的谷底的温泉之乡，因为温泉疗效出众，常被人们造访。

主题：复古优雅与舒适简约的融合

酒店在2011年经过整修，以更简洁朴实的设计以及贴近自然的材质，营造了一种纯正的舒适氛围，与度假胜地的秀丽环境相得益彰。酒店外观设计融入了许多瑞士传统建筑特色，例如顶楼一个个小巧的阁楼，沿用了传统的尖屋顶形状；每扇窗户的木质百叶窗向

外打开并固定，仅用以装饰，真正的窗框是简洁的白色木框；大堂入口处两侧各竖起一根罗马柱，这些传统元素的运用使酒店更具复古风貌和瑞士民族特色。

酒店前台采用了欧洲酒店古老的深咖啡色木质柜台的形式，工作人员像站在一个半个八角形的大木柜中，无需走动就能180度的照顾到各位宾客，提高了工作效率。类似复古的风格在酒吧更展现得淋漓尽致。酒吧吧台以同样材质的木料搭造，上面只以简洁线条勾勒出的长方形图案作为装饰，为了增加厚重感，设计师在天花板上设计了同样颜色材质的吊顶，在四周墙壁上用1.2米高的护墙板装饰。为了与这复古风格相配，餐桌和椅子选用了深色调，稳重大方，灯具也选用了古老的半球形咖啡灯罩。为了抵御瑞士山区寒冷的冬季，在这块区域还特意安装了壁炉，光是看着闪烁的火苗都会觉得周身暖和起来。

与繁杂复古的风格不同，客房、餐厅与会议室则走了简约路线。客房以咖啡色的家具和白色墙壁为主色，点缀以红色或黄色系的座椅、沙发、床头靠垫等小面积彩色色块。房内家具突出实用性，都极为轻便，部分套房卫生间呈开放式，还配有椭圆形的浴缸，您可以一边泡着热水澡，一边远眺窗外风光或欣赏精彩的电视节目。

餐厅墙壁被粉刷成粉红色或淡黄色，是传统风格的瑞士家庭室内常用的颜色，配以复古或设计感极强的吊灯，营造出温馨舒适的就餐环境。酒店拥有3个可分可合的会议室，铺设蓝灰色花纹地毯，配有轻便可移动的桌椅，可组合成最大面积达160多平方米的大型会场，容纳120人同时参会绰绰有余。

会议室平面布置图

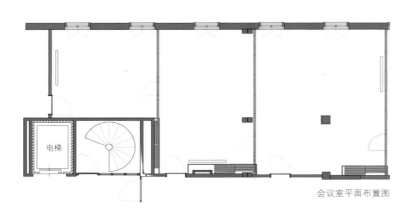

会议室平面布置图

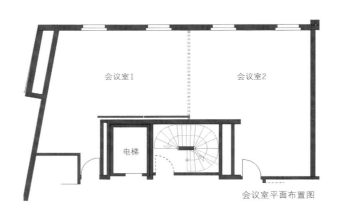

会议室平面布置图

空间：雪山下的天然温泉浴场

酒店专属的天然矿物温泉浴场是吸引到最多宾客的休闲空间，这里像是一个世外桃源，是放松、休养的好去处，它能使来宾心旷神怡，使其身体、精神和心灵均得到净化和新生。浴场离酒店主楼只有几分钟的步行路程，您只需穿着浴衣通过专属的连接门进入到温泉浴场。

浴场分为室内和室外两部分，整体以白色为主色调。室内浴场空间宽敞，分为两层，底层是几个相互连接的公共浴池，浴池之间以白色弧形门框隔断区分，不同于一般洗浴中心的全封闭空间，这里四面墙壁上都开设了二层楼高的长椭圆玻璃窗，让您即使在室内也能欣赏到远处的风光。二层则是相对私密的一个个包间，内部有10平方米左右的私人浴场，可供家庭或情侣享用。室外浴场则采用了不规则的形状，周边随意放置了几块粗大石块作为装饰，让您仿佛置身于山间林中。浴场边上有大块修建平整的四季常青草坪，配有红色遮阳伞和白色躺椅，泡完天然温泉后躺着继续享受日光浴也是不错的选择。

酒店地址 / Züringerstrasse 43, CH-8001 Zürich, Switzerland

连锁品牌 / Sorell

客房数量 / 58间

楼层总数 / 4层

配套设施 / 健身中心、商务中心、
会议室、宴会厅、餐厅、酒吧、停车场

Sorell Hotel Rütli

索雷尔吕特里酒店

位置：苏黎世

位于苏黎世的绝佳文化古迹的观光地段，索雷尔吕特里酒店让您远离尘嚣。在这里，旅客们可以轻松地前往市区内各大旅游、购物和餐饮地点。从酒店到市内几大地标性建筑都相当方便，例如乌拉尼亚天文台和瑞士国家博物馆。

主题：涂鸦人生

一幢不太起眼的老房子，砖混结构。要不是写有酒店字样，定会误认为民居。清晨，在雾霭中远看这家酒店，真有点踏入童话森林的感觉。部分房间适合重口味的艺术爱好者入住。卧室的墙上都用粉彩绘制了酒店的名字"Rütli"，色彩鲜艳，用笔大胆。再讲究的客人也能在享受酒店的禁烟房、独立淋浴间和浴缸、浴室、电影点播服务、吹风机设施的时候感受到服务的诚意与品质。除此之外，酒店的各种娱乐设施一定会让您在留宿期间享受到更多乐趣。索雷尔吕特里酒店是来苏黎世探索城市魅力，放松身心的理想住处。

空间：通过软装扩大视觉空间

大堂其实并不大，但是因括弧形的前台显得空间畅快。木制的前台配板岩背景墙，一块黑板上写着一些值得介绍的菜名和其他信息，还画了个粉画，真是块"善变"的主题墙。一侧是几张红、白色沙发围而成的客人等候区域。透过一块落地玻璃，一个现代风格的壁炉永远在燃烧，让人身心暖意。

酒店擅长用花草点缀环境。一盆原本不大的蝴蝶兰，架在一块石头上，将原本不大的大堂顿显开阔。餐厅中，井字排开的餐桌因为几盆多肉植物的存在显得玲珑、有序。吧台旁放置的则是无章法的凌乱植物，会议室放置了发财树……由此可见设计师和业主对于生活的热爱，以及透过植物扩大空间视觉功能的意图。

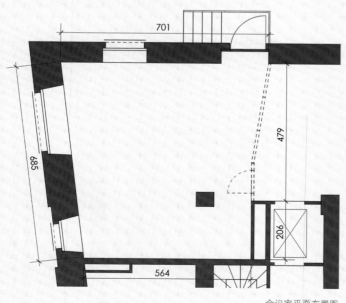

会议室平面布置图

酒店地址 / Orellistrasse 21, 8044 Zürich, Switzerland

连锁品牌 / Sorell

客房数量 / 66间

楼层总数 / 6层

配套设施 / 会议室、宴会厅、餐厅、酒吧

Sorell Hotel Zürichberg

索雷尔苏黎世酒店

位置：苏黎世

您可以在这里俯瞰苏黎世城的风光，亦可以找到将阿尔卑斯山和湖景尽收眼底的卧房。苏黎世享有"全欧洲最富裕城市"、"欧洲百万富翁都市"和"金融中心"等美誉，不仅如此，这里的环境、建筑、文化、生活气息，都散发着独特魅力。这个世界上整体生活指标最高的城市，并非只因经济而闻名。在金灿灿的声名下，这里有湖光山色、也有灯火阑珊，有归园田居、也有繁华喧闹。就像坐落在苏黎世的索雷尔连锁精品酒店，是开在都市中的"秘密之花"。

主题：低造价的花朵主题

给房间以一个装饰主题是酒店设计中最讨巧也是最让人记忆深刻的一种装饰手法。而大幅喷绘"墙画"则是造价成本最低的装饰手段，每面墙的造价仅仅为60欧左右。以现代写意画风的花朵作为背景墙的卧房，几乎成为索雷尔酒店客房的标志之一。或红或蓝的写意花朵盛放在墙面之上，让酒店客房立刻与其他小型酒店有了区别。由于客房主要为晚间使用，因此花朵主题也被延续到了灯光布置之上。配合花朵型的灯饰和恰当角度的射灯，让这些墙上的花朵无论在日间还是夜晚都有惊心动魄的美艳。

酒店为各个客房定制的洗手间台盆上，也有着New Artdeco风格的花朵剪影，与卧房的花朵墙呼应。

而进到餐厅或酒吧，你同样感受到浓浓的花意。造型独特的花枝灯、餐台上的花朵，让每一个空间都变得春意洋溢，脉脉含情。

如果在室内的花香已让你与自然亲密接触，那么于窗外或阳台的远眺也许会让你更觉身处美景花海。索雷尔酒店的很多卧房单元都有花园平台，你可以在这里边用早餐边俯瞰苏黎世城。如果还觉不够，酒吧的花园公共区域更是酒店的一大特色。你可以在其中边享用美酒，边让阿尔卑斯山和湖景尽收眼底。

而酒店也提供一应俱全的小小便利设施，鼓励你更多地接近自然。你可以在这里免费租用自行车、享受日光浴、去酒店附近的慢跑小道中充分享受你的假日时光。

会议室平面布置图（114平方米）

19.00m

6.00m

空间：窄小客房的会客布局

由于房屋并非为酒店量身建造，所以一些房间较窄的进深让传统的窗边会客布局无法实现。在索雷尔的客房布局设计中，这种窄型的房间并未放弃会客休息区域，而是将双人沙发放到床尾，既起到床尾板、床尾凳的双重作用，又和茶几搭配后，在床尾形成一个休闲区，给狭长的客房提供了让人耳目一新的功能空间布局方法。

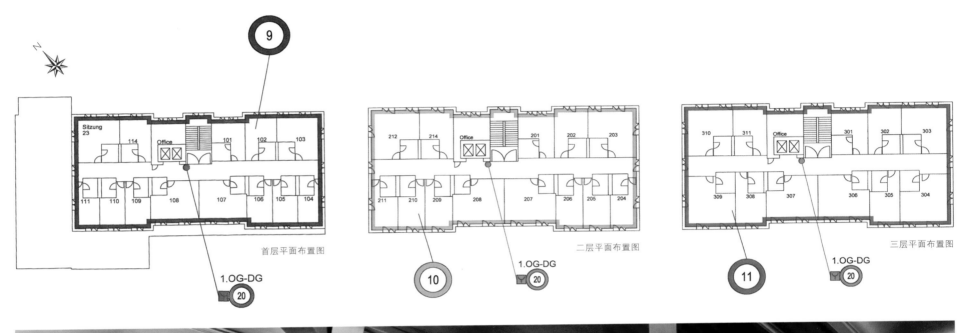

首层平面布置图

二层平面布置图

三层平面布置图

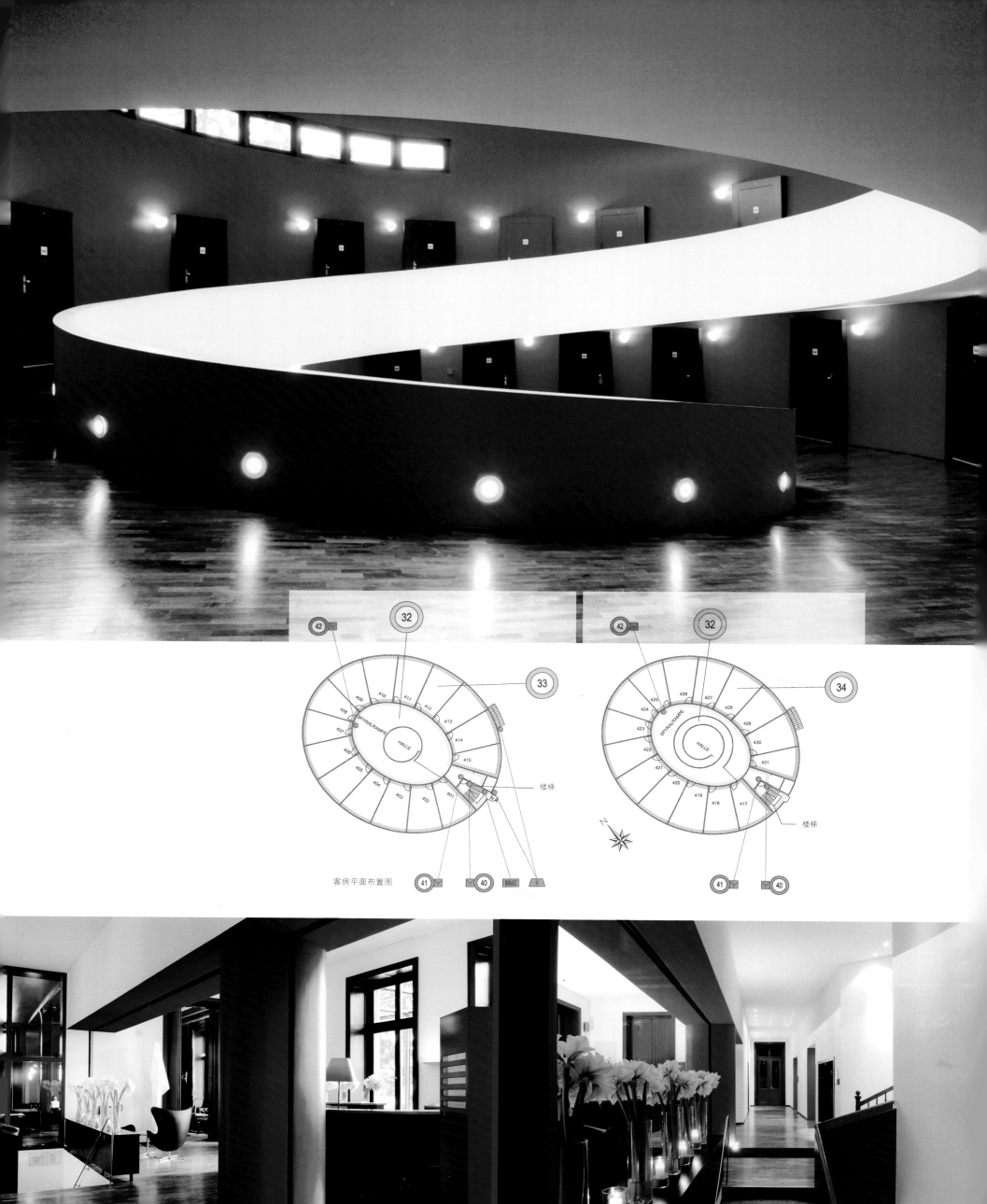

客房平面布置图

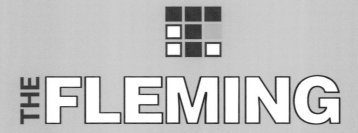

品牌介绍

Fleming酒店价格合理，服务优良。作为全新精品酒店，酒店都位于大都市中不错的位置。酒店设计时尚，充满现代简约主义，为旅客提供舒适居停，呈献无微不至的贴身服务。

作为一个时尚酒店或微型都市型的精品酒店品牌，Fleming将都市的活力引入酒店内，并将一些新的元素融入大堂，一些餐饮店散布在大堂的四周。酒店在款待住客的同时吸引那些不消费但有品味的当地访客来聚集人气，创造所谓的室内都市化。精品酒店正是这样，往往位于大型商业圈内，配置一整套高标准硬件设施和酒店服务系统，为城市高端人群提供便捷、高尚和舒适生活居住的高尚物业。

每家酒店的设计并不是千篇一律的，也不是可以轻易模仿的，而需设计师和业主自身独特而新鲜的见解。除了沿袭高星级酒店的奢华外，更将"精"字悟透，做到"细、独、特"。在"精"中刻画出当地的历史、文化和艺术，让现代的斑斓色彩和历史的深厚内涵产生鲜明的对比，洗去高端成功人群压抑的心灵灰尘，让他们在对历史的探究中感悟生活。

酒店地址 / Neubaugurtel 26-28, Vienna A-1070, Austria (Neubau)
连锁品牌 / Fleming
客房数量 / 173间
楼层总数 / 7层
配套设施 / 水疗、健身中心、餐厅、
露台、会议室、咖啡店、酒吧/酒廊

Fleming's hotel Wien-Westbahnhof

维也纳火车西站芬名酒店

位置：维也纳

住在维也纳火车西站芬名酒店，您可以享受维也纳核心区的便利，
步行即可到达中央图书馆和施塔特哈勒。酒店紧邻维也纳家具博
物馆及莱蒙德剧院。美泉宫及列奥波多博物馆近在咫尺。酒店距离
Westbahnhof火车和地铁站以及维也纳最大的Mariahilferstraße购物
街仅有5分钟步行路程。

主题：一级棒的设施

维也纳火车西站芬名酒店附设健身中心、蒸汽室及桑拿浴。酒店水
疗设施包括芬兰桑拿浴室、芳香蒸汽浴室、日光浴室、休闲区和现
代化的健身中心。商务设施包括商务中心、会议室及影音设备。免
费无线上网让您与朋友保持联系；卫星节目可满足您的娱乐需求。
配备淋浴的半开放式浴室提供手持淋浴花洒和梳妆镜。

酒店的顶部是一个面积不大的露台，天气好的时候约三五好友在此
把酒言欢，好不惬意。

空间：时尚、现代、开放之家

客房分城市和庭院景，共有173间空调客房，仿佛您在旅途中找到
的家。透过窗户，可欣赏城市和庭院景色。如果你喜欢童话里的睡
眠感觉，那么请挑选顶层的房间。顶层拥有欧洲特色的斜坡屋顶，
因此部分采光窗户是斜面的。斜坡窗户之下被安放了暖气片和休闲
座椅，空间利用的很充分。

充满现代气息的房间内部棒极了！黑白驼色调为主色，透过灯具、
水果等亮色点缀，整体色调清新而脱俗。提供迷你吧和平板电视，
舒适的床铺，淋浴房位于客房正中间，但是非常漂亮，很显档次。
或许你无法接受，它总在视线中央，因为位于房间正中。但设计师
都认为这种方式很有趣！喷头和开关体现了德国制造的优良品质，
优异的质地起到了良好装饰作用，为客房起到画龙点睛的作用。

商务及其他服务设施包括商务中心、电脑站和视听设备。计划在
维也纳举办活动？这家酒店拥有9472平方英尺（880平方米）的空
间，包括宴会设施和会议室。

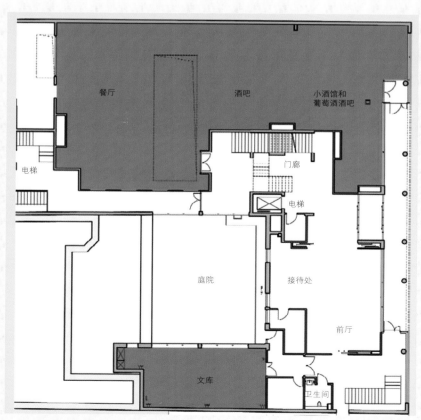

首层平面布置图

地下室平面布置图

二层平面布置图

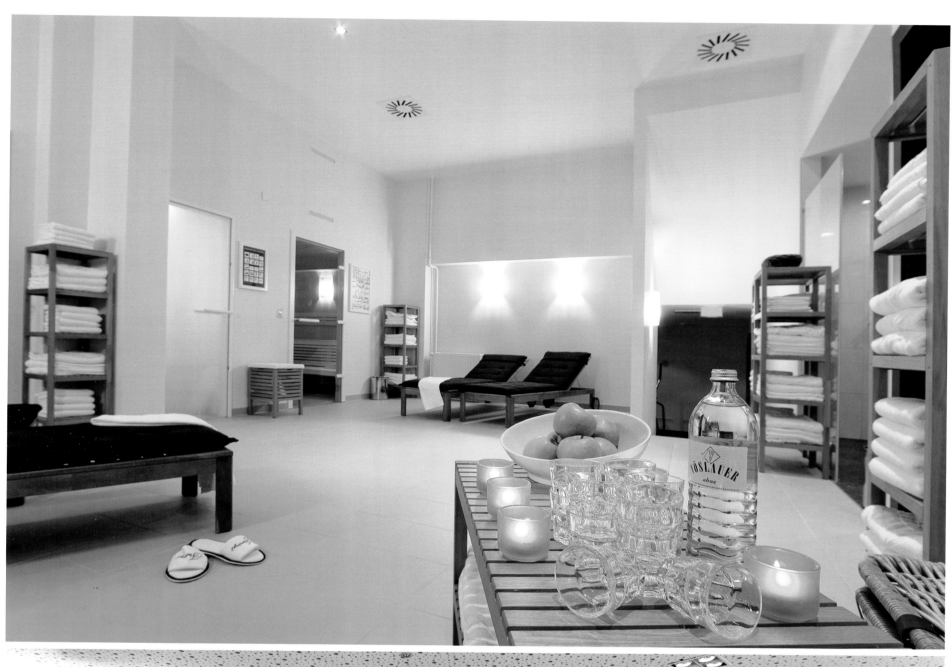

206 · 维也纳火车西站芬名酒店　*Fleming's hotel Wien-Westbahnhof*

酒店地址 / 中国香港香港岛湾仔41号菲林明道
连锁品牌 / Fleming
客房数量 / 66间（其中20间设有厨房）
楼层总数 / 16层
配套设施 / 健身中心、商务中心、
会议室、宴会厅、餐厅、酒吧、停车场

HongKong The Fleming Hotel

香港芬名酒店

位置：香港

香港芬名酒店为一间全新行政精品酒店，邻近港铁湾仔站，距香港国际机场约45分钟车程，距机场快线的中环地铁站仅需10分钟。步行可至香港会议展览中心和各湾仔主要商业大楼。

主题：闹中取静的都市酒店

酒店坐落于湾仔商业区心脏地带一处幽静横街，距离香港会议展览中心仅咫尺之遥，与当地著名的购物区及夜店地带亦近在毗邻。芬名酒店贵为独一无二的精品酒店，专为跨国行政人员及经常周游列国的商务旅客而设。酒店设有66间客房，设计时尚宽敞，充满现代简约主义风格，而又能兼顾住客的舒适起居，故此采用了特高楼底及意大利云石。而酒店的经营哲学，就是呈献让住客宾至如归无微不至的贴身服务。位于酒店大堂的私密餐厅Cubix小巧精致，是举行私人派对及家庭聚会的理想场地。会议室位于酒店一楼，配备平面电视机、影音支持、电话及无线宽带互联网。

空间：香港最潮都市生活品味起居地

标准客房（21平方米），颇具时尚品味的高级客房（25平方米）更适合商务旅客。此外还有满足高档次住宿享受的豪华客房（30平方米）和房间设计雅致、宽敞的行政客房（36平方米）。

酒店隆重推出城中首个女士专用楼层：Her Space。此楼层客房全部经过特别设计，配备专为现代女性旅客而设的窝心设施。为满足与日俱增的独立女性商务及消闲旅客需求，芬名酒店特设体贴女士需要的房间设施及服务，让她们于安全自在的环境下尽情洗去一身劳累。芬名酒店是香港首间设有专门楼层迎合此一增长迅速市场的酒店。

Her Space的客房全部以鲜花布置，为房间添上丝丝柔和的女性特质。宾客亦可在房中点燃奉送的香熏油舒缓神经。芬名酒店充分了解女士们对床铺的严谨要求。专用客房的床铺选料极尽讲究，包括特软绒毛坐垫、丝绸窗帘、额外枕头及地毯等，为居室营造安逸气息及低调奢华感觉。Her Space更设有额外设施，为其他楼层所无，当中包括珠宝盒、小腿按摩机及蒸面器。下榻Her Space的宾客更可享用尊贵法国某护肤专家品牌浴室用品，以及一系列非常实用但经常被遗忘的对象，例如指甲锉、卫生巾及发夹等，而卸妆液及刮毛器亦可按要求提供。而客房内的迷你酒吧亦专为看重健康的女士而设，常备一系列独具舒缓效果的花茶及健康小食，宽敞的客房内更备有瑜伽垫供宾客随时练习。所有宾客均可获毗邻California Fitness Center通行证一张，方便来宾进行健身运动。

香港精品商务酒店–芬名酒店，呈献精心为男士而设计的极致客房概念！His Space男士专属空间概念，为男士的玩乐天堂，内部备有Playstation 3、X360和Wii游戏机，以及房内高尔夫球练习器、iPod音响系统、男士杂志及藏量丰富的DVD影碟柜。

210 · 香港芬名酒店 *Hong Kong The Fleming Hotel*

element℠

BY WESTIN

──────── 品牌介绍 ────────

Element是一个新型的酒店品牌，可以带给您家园之外的闲
适享受并且令您焕发身心活力。无论是短期的周末逍遥放松
还是长达数周的漫漫旅程，Element都能一一满足您的各种
需求。

Element理念：获得平衡感觉对您而言十分重要，而在长
期旅途中更是如此。Element酒店将通过刺激感官和舒缓精
神，帮助您放松身心、焕发活力，从而恢复到自己的最佳状
态。酒店采用有效利用空间的直观构造设计，有助于您在住
宿时信息畅通、身心舒畅，在离开时精神饱满。酒店客房借
鉴了城市寓所的精巧设计，实现了对空间的最大化利用和灵
活性。每个单间客房（单卧室和双卧室）都专为使用方便而
设计。无论您是需要更大的办公空间还是想与他人一起享用
餐饮，流畅布局和多功能家具都将使您可以根据个人需求量
身定制空间布局。

所有Element品牌的酒店都要获得美国绿色建筑商会
（USGBC）的LEED认证，这项认证是全国认可的高性能绿
色建筑设计、建筑和运营标准。Element致力于满足客人需
求的同时注重环境保护。所有客房的厨房设施均已通过"能
源之星"认证。在设计和建筑方面还尽可能多地使用了回收
材料和环保材料。地板地毯采用100%回收材料，并使用回收
地毯衬垫。墙壁上的艺术作品则固定在由回收轮胎制成的基
座上。此外还采用了低VOC（挥发性有机化合物）涂料，以
改善室内空气质量。使用银具和玻璃器皿，以减少因使用塑
料器具和纸杯而产生的垃圾。洗浴用品放置在皂液器内，而
非使用会造成大量浪费的小瓶包装。此外，所有客房内还配
有纸张、塑料和玻璃回收桶。

酒店地址 / 3525 NW 25th Street, Miami, Florida 33142, USA
连锁品牌 / Element
客房数量 / 209间
楼层总数 / 5层
配套设施 / 礼品店/报摊、水疗、涡流池、桑拿浴、户外游泳池、餐厅、室外停车场
设计师 / Starwood Hotels & Resorts Internal Brand Design Group

Element Miami International Airport

迈阿密国际机场源宿酒店

位置：迈阿密

如果选择迈阿密国际机场源宿酒店，您将临近机场，而且可方便到达格雷普兰水上乐园和迈阿密斯普林斯高尔夫球场。该酒店位于迈阿密戴德县礼堂和梅里克大楼附近，距离市中心仅8公里远，10分钟的车程可至机场。

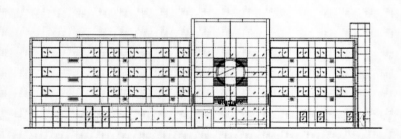

正面立面图

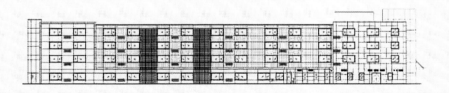

侧面立面图

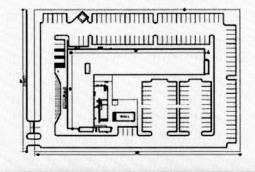

总平面图

建筑宽度：48.8米
建筑深度：80.8米
占地宽度：86.3米
占地深度：120.4米
占地面积：10117平方米
停 车 位：135个

面积综述

主题：恢复活力的捷径

因为楼层较少而周围植被高大，酒店的标志因此位于整幢建筑的中高层。设计师担心原本草绿色调的标志在棕榈树中不易被发现，将标志改变为蓝白相间，和蓝色的酒店外立面玻璃色调相呼应，显得标志更立体、饱满。

迈阿密国际机场源宿酒店采用有效利用空间的直观构造设计，有助于您在住宿时信息畅通、身心舒畅，在离开时精神饱满。品牌认为，恢复活力也是酒店必须解决住客的一大问题。而餐饮则是恢复活力最快而有效的环节。无论您是要享用快餐还是要用各种美食原料亲手烹制可口的佳肴，Restore是间储备丰富的餐厅。您可以与朋友或同事在完美生活区享用便餐，也可以在私人空间设施齐全的厨房内烹制美食，展示厨艺。Restore美食餐厅专为帮助您在客房内准备健康且令人满意的美味佳肴而设。Rise早餐吧设计同样简洁。有别于传统餐厅种种复杂的功能，Element品牌对早餐的理念非常简单：提供满足客人的健康需求和生活方式的新鲜且方便的餐饮。从清新爽口的果汁饮料到开胃的特色热早餐卷，以及新鲜的水果、酸奶和谷类食品等，因此不像传统餐厅那样需要起油烟和反复制作，无需增设排烟管道等，非常环保。在早餐区舒适宜人的氛围内慢慢品味，舒心享受。

空间：节能环保的多重健身空间

酒店旨在通过以自然为本的环境使客人恢复身心活力。酒店提供让旅客在旅途中保持日常习惯所需的一切。超过77平方米的Motion健身中心配有先进的Life Fitness心血管锻炼器械和力量训练设备，全天24小时开放。你也可在泳池内享受畅游的同时保持锻炼。我们的室内泳池既适合游泳爱好者，也适合只是想在泳池中浸泡一番、休憩放松的客人。

随着时代的发展，人类对电力的需求越来越大。但在新增发电量的同时，地球上也多了许多污染。为了提倡鼓励低碳生活，全球最大的酒店及休闲娱乐集团喜达屋旗下的源宿酒店开始为客人提供新颖的充电健身装置。源宿酒店这个品牌包含了智能化设计、现代化风格和融洽的社交环境等概念。通过新型的动感单车，把健身和绿色能源很好地结合在了一起。酒店健身房的充电健身装置看上去和常见的"动感单车"并没什么两样，能在室内模拟骑自行车运动。动感单车特别之处在于它的踏板连接有小型发电机，客人们在健身的同时也在发电，电流经过转化后可供装置单车自带的液晶屏、手机、平板电脑、笔记本等使用。

由于迈阿密天气炎热，流水特色在此营造出了静谧安逸的舒适氛围。酒店依河而建，但考虑到河水的卫生条件无法保障住客的卫生安全，酒店还是重建了封闭式的室外游泳池。游泳池呈长方形，隔了几米路宽即是河道，河道在此成了游泳者可见的风景。泳池占据酒店空地约四分之一的面积，而另外四分之一的面积被酒店划分为露台，不锈钢的户外座椅整齐分布。设计师也注意到四方形的布局太死板了，为了满足部分人的喜好，将地面层空地的另外四分之一设计为曲径通幽的弧形漫步道，一边通往河流，一边通往烧烤吧，颇具美感。烧烤吧最多能容纳8人。

通过种种主题运动，酒店希望能缓解客人上飞机前的紧张情绪及让刚下飞机的客人能得到身心平衡。这就机场酒店住宿之外需要解决的重要功能。

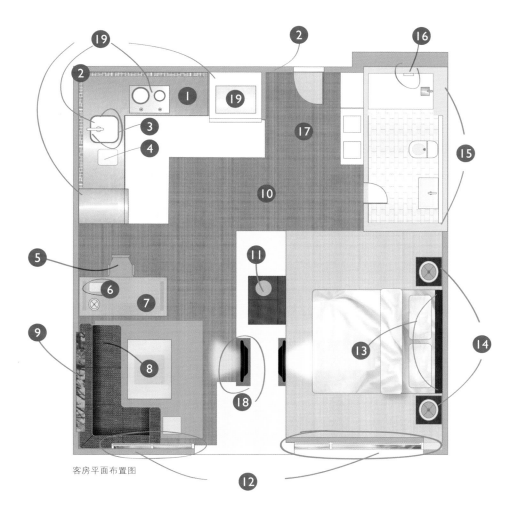

1. ENERGY STAR©家电
2. 低VOC涂料
3. 冷过滤饮用水
4. 玻璃、纸张与塑料回收站
5. 含有41%可再生物质并经绿色认证的椅子
6. 纸张回收站
7. 带有低VOC涂料的全实木家具
8. 含有大豆成分的沙发靠垫
9. 由可回收的轮胎安装而成的艺术品
10. 地板来自含有25%的再生材料，带有抗微生物的地毯垫
11. 可重复使用的洗衣袋
12. 超大窗户
13. 木质环保床头
14. 3面CFL/ LED照明灯泡
15. 高效水龙头+装备
16. 肥皂+洗发露机
17. 禁烟
18. 电视上有客人信息
19. 微波炉

客房平面布置图

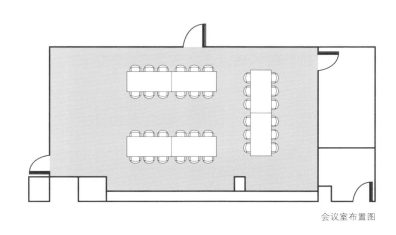

会议室布置图

酒店地址 / 768 5Tth Avenue Central Park South, New York 10019, New York United States

连锁品牌 / Element

客房数量 / 411间

楼层总数 / 41层

配套设施 / 水疗、健身中心、餐厅、露台、会议室

设计师 / Starwood Hotels & Resorts Internal Brand Design Group

Element New York Times Square West

纽约时代广场西源宿酒店

位置：纽约

酒店与灯光璀璨的百老汇大街仅相隔3个街区，从酒店可信步抵达梅西百货和无线电城音乐厅。无论是去百老汇看歌剧或是在布莱恩特公园里散散步，从入住纽约时代广场西源宿酒店的那一刻起，就让你成为一名愉悦乐活的"纽约客"。酒店毗邻城市最大的地铁站。如果您要乘飞机前往纽约时代广场西源宿酒店，最好飞抵拉瓜迪亚机场（LGA）。该机场距酒店大门仅13公里。其他可选机场包括纽华克自由国际机场（EWR），距酒店约26公里，或肯尼迪国际机场（JFK），距酒店仅27公里。

主题：人本自然，施法天然

纽约时代广场西源宿酒店有着现代简约的建筑外形，它线条笔直，就像是一座屹立在繁华市中心的高级公寓。透过巨大、多层的玻璃幕墙设计，温暖的自然光线轻盈地洒进大堂，让客人在一进门时便体会到其宽阔明亮的开放风格，同时感受到一种充盈的活力。酒店首先需要满足的功能是个人休憩之所。酒店相信，获得平衡感觉对您而言十分重要，而在长期旅途中更是如此。从热诚友好的多功能完美生活区到舒缓身心、焕发活力的客房，酒店的每个空间设计均简洁而直观。从开放的社交区域到闲适的客房，酒店通过刺激感官和舒缓精神，帮助您放松身心、焕发活力，从而恢复到自己的最佳状态。无论您在这里是入住几天还是几周，也无论您的旅行目的是商务还是娱乐，都将获得身心愉悦、多姿多彩的旅行体验。

空间：具复合功能的完美大气公共空间

有时，人的确需要通过环境的改变从而获得全新的生活体验。酒店大堂是您伸展四肢放松身心，并与他人沟通互联或简单享受完美旅程的绝佳好去处。纽约时代广场西源宿酒店的大堂为开放式多功能设计，前台仅能容纳一台电脑、一位工作人员和一至二位客人。大堂把更多的空间留给了专门为客人开辟的休息室，名叫"绿屋"。宽敞明亮且自然采光充足，无论交朋会友还是忙于公务，它都可满足您的任何社交需求。流畅的大堂设计营造出运动和活力之感，自然为本的绿色设计随处可见。自然光透过16英尺的玻璃幕墙照亮整个大厅。双倍高度的天花板、4.9米高的全透明玻璃天花板、低位玻璃幕墙、低矮的座椅和整体开放式的布局，流畅的大堂设计营造出运动和活力之感，使自然光照洒满了空间中的每个角落，明亮的采光效果和开放的空间让人心情大好。低矮的座椅和开放式的布局营造出静谧安逸的舒适氛围，户外开辟出的庭院和露台在清澈流水的映衬之下，形成了令人心动的绿色空间。

多功能大堂可以满足现代生活方式的各种需求。咖啡厅、简餐、办公空间、贵宾厅、带免费因特网接入的免费技术中心、两台32寸的液晶电视以及与大堂相连的图书室，客人所需的设施应有尽有，工作休闲两不误。组合家具和方便易用的电源插座适用于多种用途，使您可以利用该区域来办公、放松和社交，也很好的照顾在客人谈话的私密性。组合式家具可以让您方便地在任何时候将工作环境快速转变为娱乐环境。

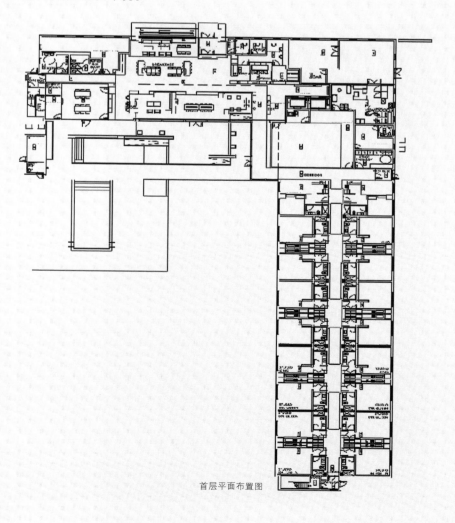

首层平面布置图

两间总面积达37平方米的宽敞会议室是一处充满活力的空间，可任意布置满足商务或社交活动需求。其中最大的会议空间23.23平方米，拥有组合式家具、灵活自由的布局和精心设计的就座区，可随意打造专属私密空间。可应要求为您开放室外露台。在气候温暖时节风景优美，露台是举办任意私人活动的理想之所。这是一个引人心动的室外空间，几张简简单单的白色户外漆座椅，水磨石地面，朴素而自信的简单装饰之下，在41层的高度，气定神闲地喝杯咖啡，仿佛坐拥整个纽约的繁华。

设计师从功能出发，把多重功能区域复合在同一区域，空间总体开放而局部私密，这种做法在高密度的大都市是非常具有借鉴意义的。

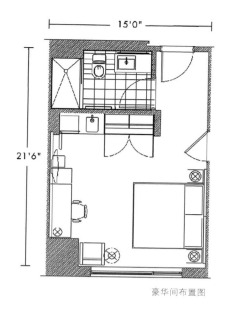

豪华间布置图

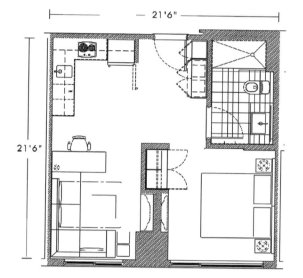

单人间布置图

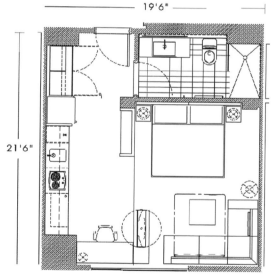

行政大床套间布置图

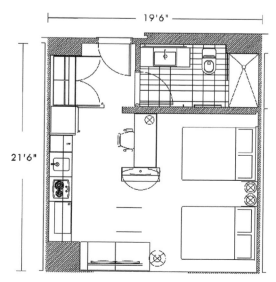

行政双床套间布置图

FOUR POINTS
BY SHERATON

品牌介绍

Four Points by Shearton作为喜达屋集团九大品牌之一，品牌的客源市场定位在商务客人和消遣旅游者，目标人群为具有一定经济能力的消费者。它是喜达屋成长速度最快的品牌之一。此连锁品牌的经营理念与众不同，它是提供全方位服务的中档饭店，在现今时兴有限性服务的时代是很特别的。Four Points by Shearton主要分布于机场、大都市的商务中心、中小城市和度假胜地。酒店以提供全方位服务和极具竞争力价格而著称。

Four Points by Shearton的理念是简约、舒适、诚信，因此它更受到那些有着年轻心态、创新精神以及想要自己打拼天下的客人亲睐。酒店的设计以自然地原木色彩为主，简单自然，与福朋标志的四色风车一般，让客人有一种轻松不拘束、愉悦的感受。客房大多色调柔和，浅色的家具配上米色的织物，令人倍感温馨，客房内都配备了福朋"舒适之床"的酒店，为您带来年轻气息。

酒店地址 / 中国北京市海淀区远大路25号1座
连锁品牌 / Four Points
客房数量 / 320间+177套服务型公寓
楼层总数 / 地下1层，地面12层
配套设施 / 会议室、商务中心、健身俱乐部、餐厅、酒窖、客房
建筑设计 / ATKINS公司
装修设计 / 香港测建（KWSG）

Four Points by Sheraton Beijing, Haidian hotel & serviced apartments

北京海淀永泰福朋喜来登酒店

位置：北京

酒店位于北京高科技区——海淀区的中心地带，从这里驱车片刻即可抵达主要的政府机关和商业机构、研究中心、中关村科技园及多所大学。闻名遐迩的颐和园、长城、奥林匹克体育场"鸟巢"和其他热门景点均近在咫尺。从酒店还可步行前往购物场所，其中最知名的当属亚太地区第三大购物中心——"金源"，这里设有1000多家店铺、餐厅、酒吧和电影院。

主题：无穷无尽的缤纷选择

中国北方区第一家福朋酒店——北京海淀永泰福朋喜来登酒店的建筑面积为36000平方米。酒店客房种类繁多，特别值得一提的是拥有连通客房、低过敏客房、带起居区的客房、隔音客房、无障碍客房等，满足不同人群的需求。酒店三个花园景观的特色餐厅提供精彩纷呈的美味。宜客乐西餐厅供应中西方特色美食，开放式厨房与现场烹制的美食带来全新生动的就餐体验。艾可意大利餐厅由铂金马赛克地砖铺垫，具有意大利抽象艺术风格及红酒文化气氛。泰公馆主营精品粤菜、特级辽参及广式滋补靓汤，提倡绿色、健康、新鲜的饮食标准。特别的船型酒窖还珍藏了来自世界各地的美酒。宽敞通透的大堂酒廊则是商旅人士休闲、小聚的绝佳场所。当然，大堂也是个不错的轻餐饮空间。

1127平方米的会议与宴会场地可以同时容纳966位顾客，是举行公司会议、商务活动、大型庆典以及其它活动的理想选择。可容纳720人座位的无柱式空间高挑大宴会厅和5间独立宴会厅，包括一间自然采光的764平方米宴会厅和七间会议室。宽敞、时尚的弧形宴会前厅更是宾客会议前小聚与绝佳休息之地。商务中心提供全面的综合性服务，包括电脑工作室、私人会谈室。休闲娱乐设施非常多样，包括室内恒温泳池、旋涡池、健身中心、颐尊水疗中心专业的SPA护理及美发沙龙，宾客能够在这里得到彻底的放松。

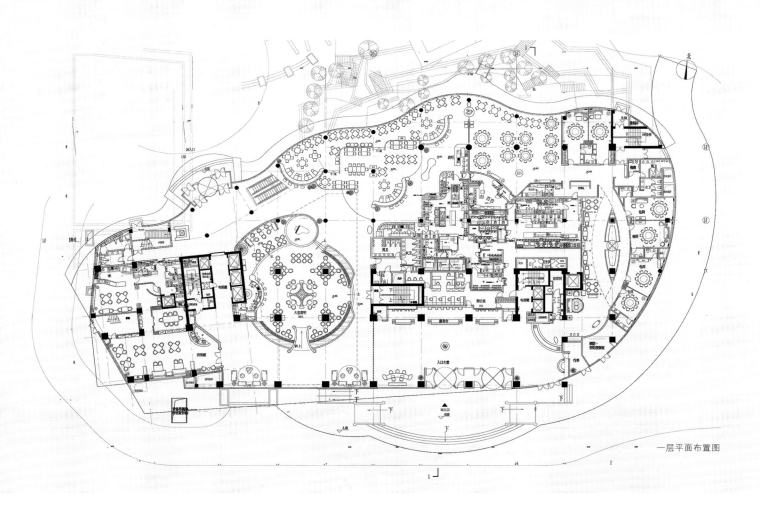

一层平面布置图

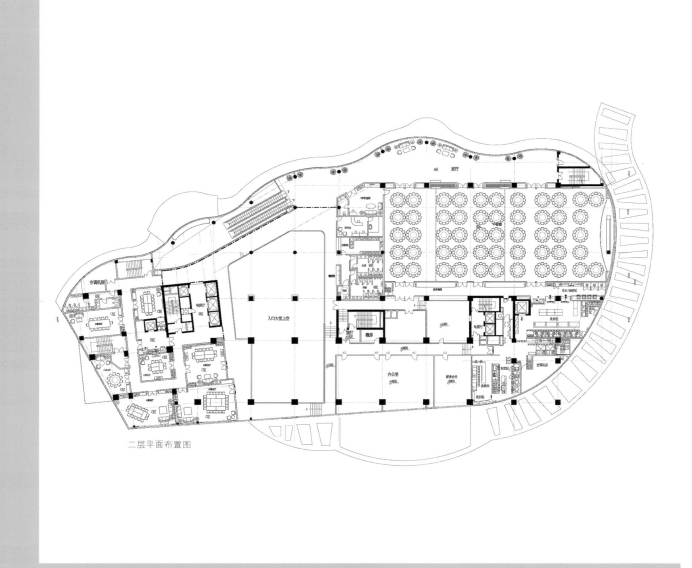

二层平面布置图

空间：人性关怀，舒适大床

很多客人换了新空间（家以外的地方）会特别不习惯，导致失眠。酒店非常人性化，客房精选了"舒适之床"作为福朋酒店特别用床。整床用999根独立弹簧带来非一般舒适感觉，独立弹簧可根据您身体结构调整高度，使睡眠得到保障。标准床长2.03米，宽1.37米；大床长2.03米，宽2.03米。夜晚如果有一人下床，另一人不会受干扰，继续安睡，如此细致入微的精心设计堪称业内完美。除了床外，整个床上的布料也是经过精心挑选搭配的，还特设低过敏枕头、婴儿床。

从38平米的高级客房到450平米的奢华总统套房，可供您任意选择。所有客房均简洁舒适，带独立雨林淋浴间和浴缸的宽敞浴室。豪华套房与行政套房提供您所需的额外空间，如宽敞的起居区和小厨房。总统套房内，由落地玻璃环绕，通透明亮，视野开阔，如果您冬季到来，燕京八景中的西山晴雪，也可一览无余。总统套房设有两间宽大的起居室，配有娱乐中心、游戏室、书房、可供12人就座的餐桌/会议桌、酒吧和厨房区、两间卧室以及配有按摩池、桑拿室和私人健身房的主浴室。

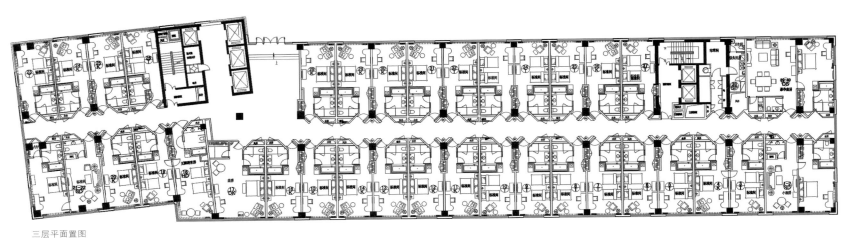

三层平面置图

三层平面置图

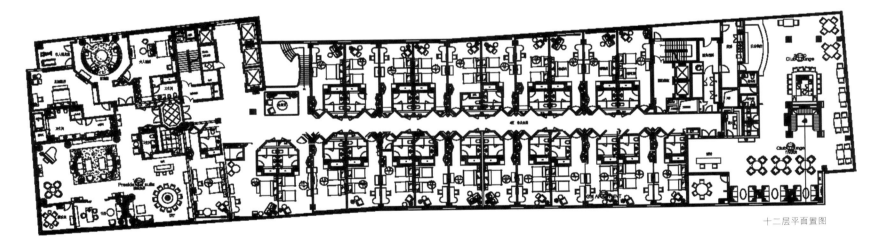

十二层平面置图

酒店地址／中国山东省青岛市城阳区文阳路271号
连锁品牌／Four Points
客房数量／303间
楼层总数／15层
配套设施／健身中心、商务中心、
会议室、宴会厅、餐厅、酒吧、停车场

Four Points by Sheraton Qingdao, Chengyang

青岛城阳宝龙福朋酒店

位置：青岛

青岛位于山东半岛南端，黄海之滨，凭借其优越的地理位置、美丽的自然风光、独特的设施场所以及时装周、啤酒节和车展等国际性活动，吸引了大量来自世界各地的休闲游客。城阳区地处青岛市区北部，是进出青岛市区的北大门。酒店是新建宝龙城市广场的一部分，该广场是一座繁华的综合大厦，内设大型零售商场、电影院和休闲娱乐场所，距青岛流亭国际机场仅有3公里之遥。

主题：商务、休闲皆宜的人气酒店

时尚舒适的宜客乐全日制餐厅每日提供自助早餐、午餐及晚餐。零点餐牌收集了全球经典美食，中式佳肴、东南亚特色菜及西餐食品。开放式的厨房设计同样为您提供最难忘的用餐体验。聚味中餐厅的设计斐然、瑰丽、现代与传统巧妙融合，23间从小到大的奢华包房满足各种口味的之需。酒店还为全家出游的客人准备了福朋品牌专有的"家庭区"，与家人可在此阅读、上网、看电视等，是您欢度家庭日的理想之所。

空间：简约、舒适、物超所值

这是一家人气不断上升的酒店，在这里你可感受到欢乐愉悦的美妙氛围。精心设计的客房简约实用，而又不失现代理念，让您尽享舒适之余，彰显独特品味。每间客房均配有舒适无比的福朋喜来登舒适之床。青岛宝龙福朋酒店拥有3个宴会厅及8个多功能厅。近2000平米的会议空间，最大会议室面积800平方米，内设10间大小不一的会议室，供您任意选用。设备完善先进的健身俱乐部是您放松休闲的理想之选。

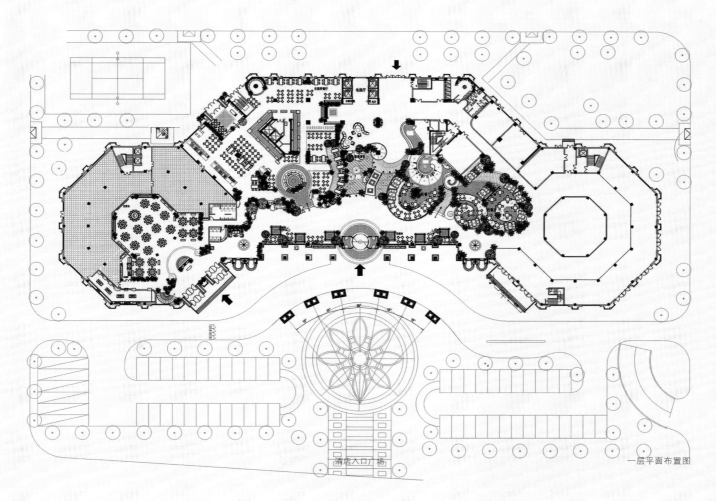

一层平面布置图

二层平面布置图

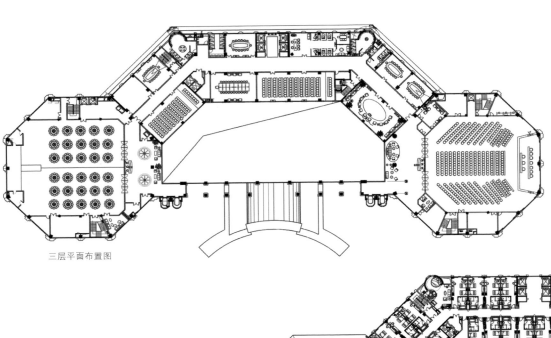

三层平面布置图

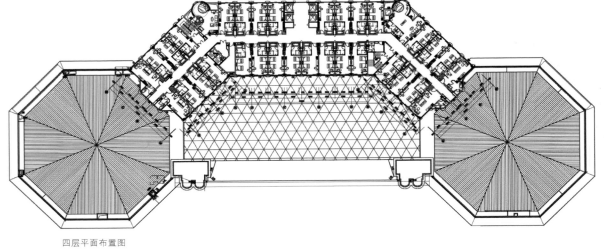

四层平面布置图

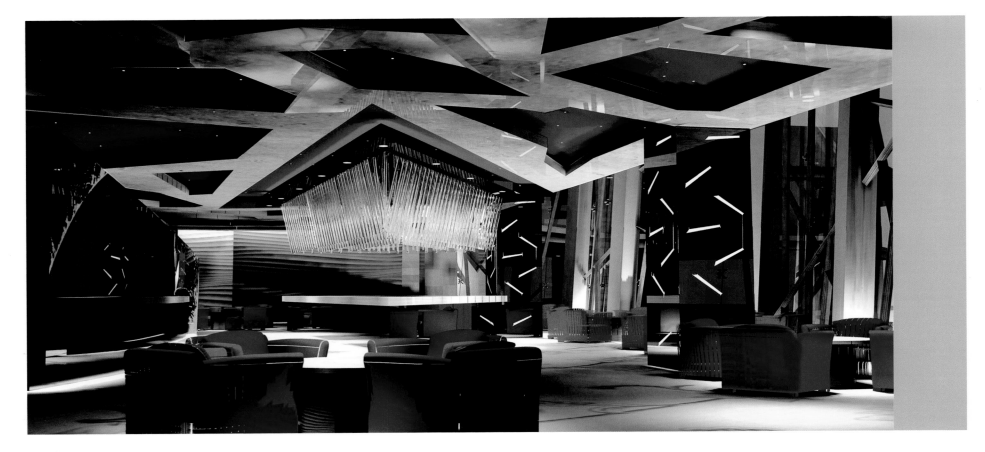

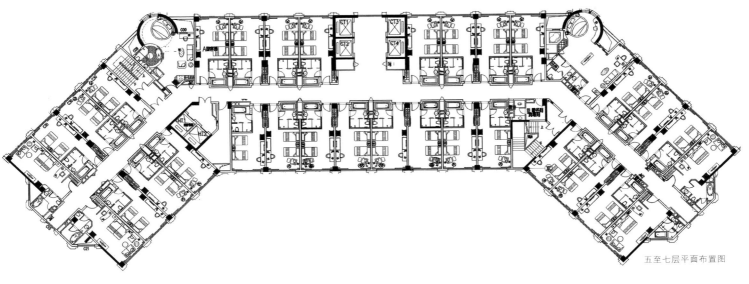

五至七层平面布置图

酒店地址／中国海南万宁神州半岛神州半岛旅游度假区
连锁品牌／Four Points
客房数量／338间
楼层总数／6层
配套设施／会议室、宴会厅、餐厅、游泳池、
高尔夫球场、大型商场、码头、商务中心 、剧场
建筑设计／WATG建筑设计公司
室内设计／BUZ Design

Four Points by Sheraton Shenzhou Peninsula

神州半岛福朋酒店

位置： 万宁市 神州半岛

比邻私密静怡的海南神州半岛第一湾——乐涛湾，神州半岛福朋酒店和神州半岛喜来登度假酒店一起，缔造了大中华区首家复合式度假型酒店。神州半岛福朋酒店依山傍海，与The Dunes高尔夫球会紧紧相依，结合全天不歇的休闲康乐活动，为宾客打造一个舒适、怡然的热带度假天堂。

神州半岛旅游度假区位于海南岛东海岸的天然半岛之上，隶属万宁市。半岛三面环海，一面接陆，拥有4个共12公里沙滩的海湾。距博鳌亚洲论坛永久会址60公里，东山岭、兴隆温泉、热带植物园、万泉河漂流等皆在半小时车程内可达。海南东线高速铁路投入运营后，神州半岛站至三亚仅需40分钟，至海口美兰机场也仅需50分钟。

主题：热带度假天堂，满足会议和度假需求

神州半岛福朋酒店的开业，将为前往海南神州半岛旅游度假于此的各方宾朋提供了两种不同风格的体验选择。酒店秉承了福朋诚信、舒适、简约的核心理念，提供新颖别致的高雅环境，为会议、旅游及商务客人带来卓越的酒店环境及服务品质。

大堂利用中国人古老并擅长的木结构搭建而成的天花板，透过局部的玻璃材质露出天光，仿佛持重的木头匣子中镶嵌了一颗巨大的钻石。其实，酒店承重是由多个立柱承担的。这种八字形结构的大堂显得更加开阔，除了总前台外，八字一边增加了前台功能，另一边增加了休息、等候座椅，在提高前台办事效率的同时，也更有"迎客"效益。

酒店一楼设有商务中心。对于企业团体和会展需求，神州半岛福朋酒店同时提供了理想会议场所。拥有超过2742平方米的室内会议与宴会空间及多处的室外弹性空间。高挑无柱的福朋大剧院1210平方米，适合中、小型商会研讨、产品发布，或是晚宴酒会等；另外10间可弹性调整空间的多功能会议室及提供声光设施，高速宽频与无线网络等，加上完整的团队激励活动方案与优美天然环境将为宾客打造每一次难忘的活动。

周边完备的休闲设施还包括一个41洞的滨海高尔夫球场，为世界知名高尔夫球场设计师汤姆·韦斯科夫 (Tom Weiskopf) 的最新力作；由知名活动规划公司Focus Adventure带来的海滩俱乐部；集餐饮、娱乐、商务和免税购物为一体的大型商场；游艇码头区；以及豪华高尔夫海景别墅和公寓等，将提供酒店客人下榻期间更多的游乐选择。

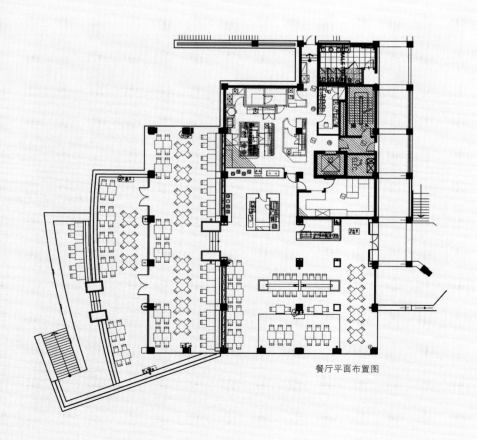

餐厅平面布置图

空间：南洋色彩，多元餐饮

神州半岛福朋酒店以满足客人最大舒适为设计宗旨，现代简洁风格的建筑面向蜿蜒在热带园林中的礁湖泳池和碧海金沙，令人心情飞扬。温馨舒适的客房及套房拥有令您安享好眠所需的一切：均配有温暖松软的福朋舒适之床，且大部分房间能欣赏到美丽海景。液晶纯平电视、办公桌、人体工学座椅等一应俱全。

福朋深知，细节决定成败！设计师就地取材，很好的利用了海南当地材料，如草编席子作为遮阳窗帘，木质地板等，环保的同时大大降低了材料成本。不少房间设有户外阳台，无敌海景一览无余。装饰品方面，结合海洋元素，譬如选用鹦鹉螺造型等。

作为一家海滩酒店，最大的好处莫过于运动设施选择多元。可在设施齐备的健身中心强身健体、焕发活力，而掩映于葱郁热带花园中硕大的游泳池长达500米，为酷爱水上运动的顾客呈现至尊享受。

5家餐厅和酒吧提供多元选择。在轻松舒适的用餐空间里，宜客乐（Eatery）全天候提供美味且充满创意的精致佳肴。设计中规中矩，和大

大堂平面布置图

堂风格俨然一体，但功能有别于大堂吧。大堂吧仅提供小吃。

窗外，椰影婆娑。夜幕低垂时可别错过巴西烧烤餐厅（CASA CHURRASCO）令人垂涎的纯正巴西佳肴，在现场演奏乐声与阵阵海浪伴奏下，度过嘉年华般热烈的欢快时光。马赛克是这里的主角。进口亮片马赛克铺就的餐桌、弧形立柱在此都分外抢眼，考虑到烧烤餐厅固有资产的耐用性、耐高温、抗腐蚀以及更换简便，马赛克在此大行其道。少许挑眼的黄绿色在灰黑色大背景之下，增强了就餐者的食欲。

作为泳池酒吧的礁湖吧被繁茂的热带花园环抱，极富南洋色彩，是寻觅透心凉饮料、果汁、酒精性饮料的最佳去处。

充实的一天后，莅临装潢前卫轻松的"找乐吧"，是轻食小吃的最佳去处。入口颇似地下酒窖，半弧形的砖墙设计让人觉得清凉而神秘。入内，和烧烤餐厅材质相似而色调不同的空间营造出另一番效果，绿色营造出的清凉感觉让人很想喝一杯。采购相似的材质，也大大提高了材质的性价比，节省了业主的预算。

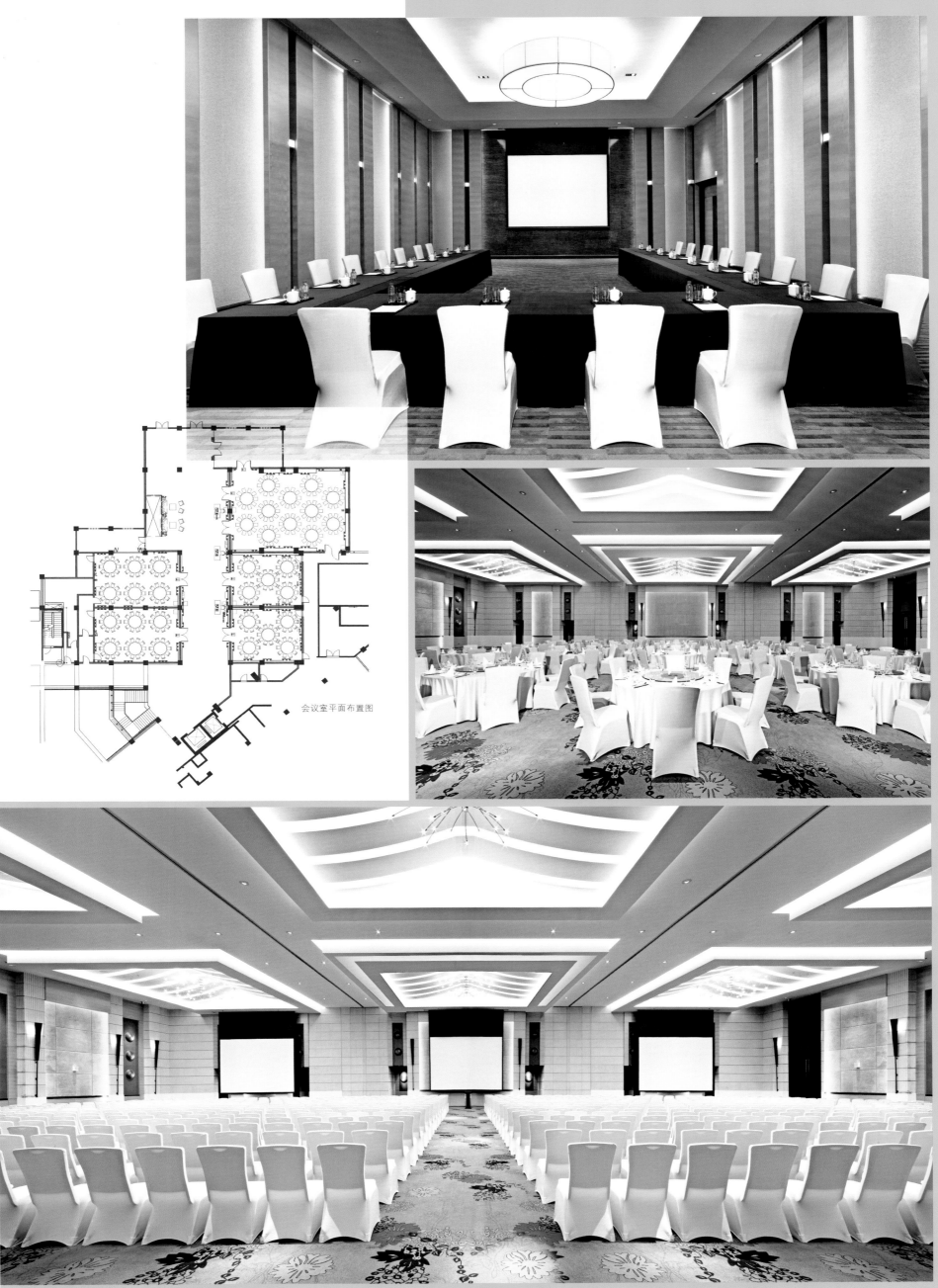

会议室平面布置图

248・神州半岛福朋酒店 *Four Points by Sheraton Shenzhou Peninsula*

酒店地址 / 中国江苏省扬州市邗江区江阳西路109号
连锁品牌 / Four Points
客房数量 / 247间
楼层总数 / 地上18层，地下一层（停车场）
配套设施 / 水疗中心、室内恒温泳池、
健身中心、餐厅、会议室、商务中心、停车场

Four Points by Sheraton Yangzhou,Hanjiang

扬州绿地福朋酒店

位置：扬州

领略多彩文化。扬州绿地福朋酒店坐落于中国最古老的城市之一——扬州。扬州地处长江北岸，自春秋时期以来一直是中国的文化胜地，标志性景点如大明寺和文昌阁等。酒店紧邻两条主要高速公路，分别为南绕城高速公路及扬溧高速公路，地理位置十分便捷。从酒店步行至扬州西站（客运总站）1公里路程，距镇江火车站大约45~50分钟的车程。麦德龙超市，步行仅需2分钟，购物方便。

主题：简约、舒适、亲民

福朋酒店作为喜达屋集团九大品牌之一，它进入中国的时间还比较短。但它在中国市场作为一个新兴的品牌发展却很快，且每年正以2到3家的速度增长，目前也是喜达

屋成长速度最快的品牌之一。而它与集团旗下其他品牌相比，福朋的理念更简约、舒适、诚信，因此它更受到那些有着年轻心态、创新精神以及想要自己打拼天下的客人亲睐。酒店的设计以自然地原木色彩为主，简单自然，与福朋的Logo四色风车一般，让客人有一种轻松不拘束、愉悦的感受。

作为扬州第一家国际品牌的酒店，从服务理念及服务方式上，都彰显福朋所特有的特色，不会拒人于千里之外。您可以在波光粼粼的室内恒温泳池中尽情畅游，在健身中心强身健体，或在水疗中心彻底放松。还可来到全天候餐厅和中餐厅品尝丰盛美食，或在大堂吧通畅饮冰啤、恣意放松。在这里，您的需求都会得到全面满足。

空间：婚宴和会议产品优势

酒店总面积35199.60平方米，地上26657.90平方米，地下8541.70平方米。楼高61米。花园面积：11740平方米。大堂层高（去除吊顶）：8米；宴会厅层高6.7米；客房层高：3米。大堂局部采用流线型设计，弧形的立面黑色实木隔断了大堂和包间用餐区域，彩色弧线地毯活跃了空间基调，营造出轻松的氛围。

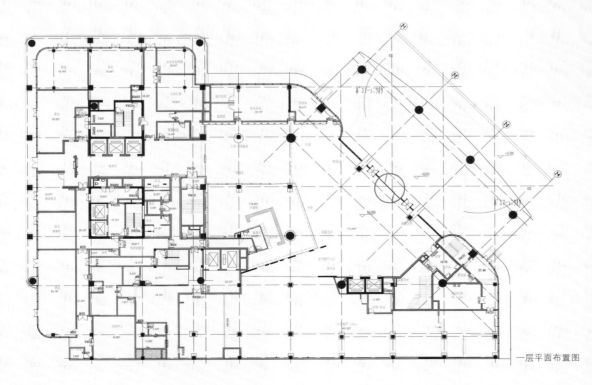
一层平面布置图

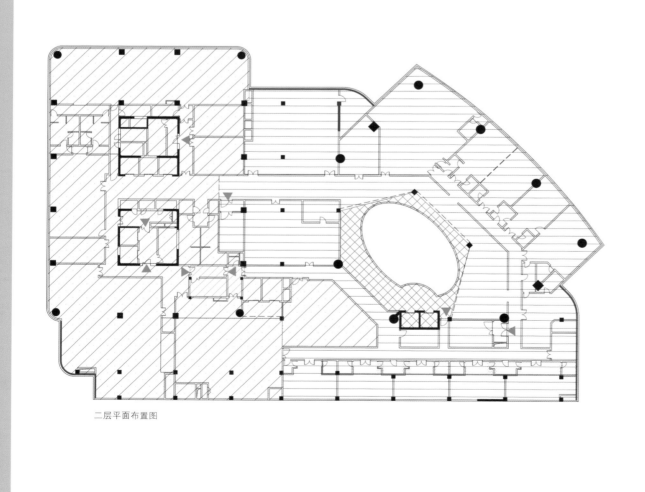

二层平面布置图

5至18层为客房楼层，尽享舒适惬意。酒店无烟楼层位于5、6、11、17、18共5个楼层，共95间客房，占所有客房的38.46%。全新客房与套房均配有特色的福朋喜来登福朋舒适之床。大床尺寸是2.00米×2.00米，小床尺寸是1.20米×2.00米。酒店共设14套连通客房。所有连通客房均配有一张特大床和两张单人床，其中包括6套连通双床客房的特大床套房。请在抵达前联系酒店确认是否有连通客房供应。福朋套房位于15至18层。总统套房位于17层，房号为1701，面积为175平方米。此外，细心的酒店还备有3间残疾人客房，以便满足不同客人的需求。

完美聚会之所。酒店拥有总面积达1450平米的8间宽敞会议室，可供您举办婚宴、聚会、特别活动或公司会议。最大的会议空间——福朋宴会厅面积660平方米，层高7米，可拆分成三个220平米的小厅，最多可容纳720人，拥有流明度10000的高清投影仪等设备。此外还有文津厅、文昌厅、文澜厅、文渊厅、文汇厅、文溯厅、文星厅、文宗厅等，层高均为3米，分别能容纳不同人数开会。酒店非常重视节能，白天完全可以通过自然光照实现会议需求。酒店所有客房和公共区域均配有无线高速上网接入。

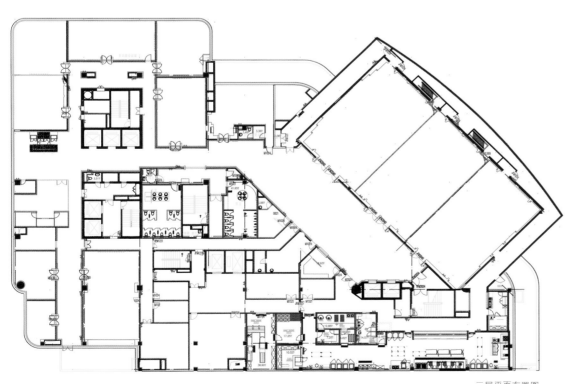

三层平面布置图

大堂吧位于酒店一楼，借鉴了解构主义的设计手法，环境较为轻松。松竹梅日本餐厅位于酒店二楼，环境舒适放松。聚味轩中式餐厅也位于二楼，环境较为奢华。聚味轩是一家独具现代风格的的中式餐厅，提供午餐和晚餐服务，此外还备有供商业、社交和家庭聚会所需的私人包厢。

利用改良的现代式样简洁屏风，隔断了10人以上用餐区域和人数较少的用餐区域。为了平衡两者的关系，设计师在地毯选择上将用餐人数少的区域选择色彩斑斓的大面积圆形图案，而在就餐人数多的区域则选择与之呼应的圆形图案，但用色和大小方面都相对单一。

宜客乐全日餐厅也位于一楼，提供西式菜肴。别出心裁和宽敞舒适的用餐理念开启了您的美食之旅，开放式厨房理念供应各式的早午晚餐。软装方面，用色大胆，大色块和直线型图案丰富了规整的空间。因为有了如此纷繁的底部，因此在处理顶部的时候，设计师则用了减法：仅仅用了一圈与桌面呼应的荧光绿灯光点缀其中。

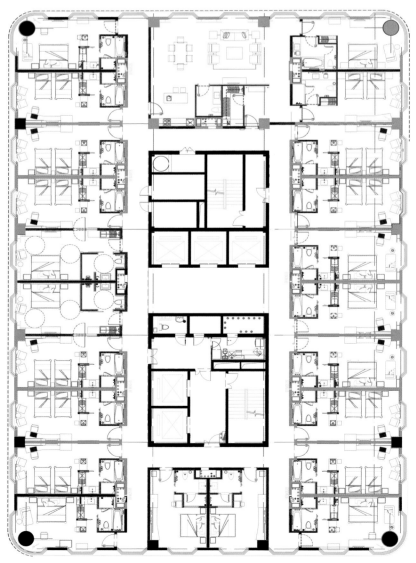

四/五层平面布置图

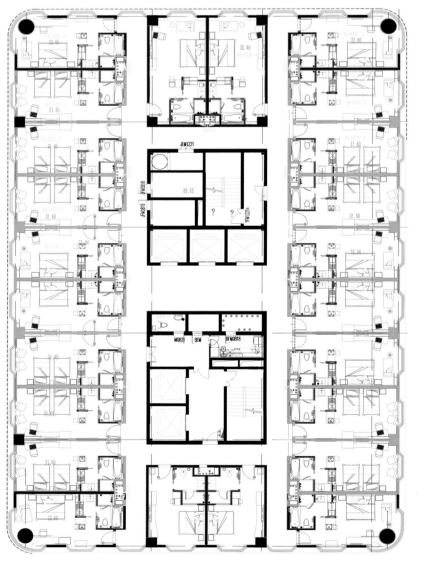

六一十一层平面布置图

品牌介绍

Home2 Suites by Hilton作为一家居家型公寓式酒店，是希尔顿全球酒店集团20年来首次引入的新品牌，目前在全美已有十余家该品牌酒店。给您温馨舒适像家一样的入住体验是酒店一贯秉承的理念。

这是一个中端的延住式酒店概念，针对精明的、注重价值的延住式酒店客人。针对这个市场，品牌也为开发商提供了一个机会，以低成本的，舒适、时尚的产品进驻这个领域。其经营模式是在国外很流行的分时度假公寓，就是某个人买下这套公寓每年一定天数的住宿权，那么这个业主就可以在规定时间　内入住这个公寓，如果他住腻了可以挂网上卖，或者去跟别的旅游目的地的分时度假公寓的业主交换，这样的经营模式目前在中国还是个新鲜事物。

酒店宽敞的套房都设有迷人的装饰，提供带沙发床的休息区和轻木家具。厨房配备了不锈钢厨具，并设有用餐区。酒店提供一间设施齐全的健身房和一间商务中心，通常还拥有一间24小时便利店。这一切，让生活如此简单。

酒店地址 / 5048 International Blvd., Charleston, South Carolina, 29418, USA
连锁品牌 / Home2 Suites
客房数量 / 122间
楼层总数 / 4层
配套设施 / 酒吧、露天餐厅、
会议室、健身房、露天泳池

Home2 Suites by Hilton®
Charleston Airport Convention Center

查尔斯顿Home2 Suites酒店

位置：查尔斯顿

Home2 Suites by Hilton® Charleston AirportConvention Center酒店位于美国南卡罗来纳州的达查尔斯顿北边，很容易就可以到达查尔斯顿机场、会展中心和北查尔斯顿体育馆。附近的景点还有利号潜水艇和德雷顿大厅、丹吉尔购物中心、表演艺术中心。无论商务或是休闲，在此都能得到满足。

主题：三原色与三间色的碰撞

来到酒店门前，首先映入眼帘的是"Home 2"这个希尔顿连锁品牌的招牌。为了突出它，酒店甚至单独砌了一个水泥台，把"Home 2"放在上面以引起客人的注意，大概可以解释成"第二个家"，体现出了酒店的经营理念。可能是因酒店坐落在机场附近，酒店周围并没有在市区那般繁华，外墙设计也很简单，一层以深灰色石材外立面装饰，再往上则是浅砖红色瓷砖，简洁、醒目、舒适、大方。

走进酒店，会有在一种浸泡在颜料盒中的感觉。设计师一共采用了红、黄、蓝三原色和橙、绿、紫三间色这六种个性非常鲜明的色彩，虽然用色大胆，但搭配起来却显得和谐，让你不会感到繁杂。客房内，淡黄色的墙面、朦胧花纹的米色壁纸、舒适的米色布艺沙发，营造出轻柔、温馨的空间感，让您的精神完全放松下来。设计师在整体柔的色调中也不忘加入明快的三原色，用以将卧室与客厅空间区分的布帘选用了大红色，还挑选了蓝色布艺沙发和书桌椅。

如果到咖啡厅小坐，你会发现这里的用色更为出挑，黄色和紫色的强烈对比首先会被人感知，色彩区块使用得并不夸张，只有一面墙上浓墨重彩，而其余墙面则非常素雅，这样的色彩设计不会让人产生压迫感。就连咖啡机身色彩也是经过精心考虑的，有黄色、绿色和红色，吊顶橱柜同样被漆成这几个颜色。这时你会觉得这块空间叫"灵感桌面（inspired table）"真的没错。

空间：充分享受露天乐趣

"绿洲（Oasis）"是"Home 2"的最大特色，近似于家居的风格，深浅色搭配的木质地板，灰色墙面，配有蓝色、黄色、橙色、红色样式不同的沙发和座椅，色彩灵动、鲜明。长条沙发斜横在当中，无形中将原本开放式的空间划分为两个不同区域，满足了不同用户的需求。机场酒店寸土寸金，这种用家具替代隔断的办法节省了空间，值得借鉴。

上网区小巧精致，仅仅容纳两台电脑的空间却不显拥挤。电脑之间以红色壁橱分隔，壁橱不仅起到了隔断作用，还巧妙地把电脑机身置于其中，使桌面更为整洁。墙上的装饰画设计巧妙，五颜六色圆形刻在黑色的背板上面，明快又不沉闷，有点玛雅人装饰家的味道。

酒店地处市郊，虽然室内面积有限，但在户外空间上不像市区酒店那般局促。酒店安排了露天游泳池、露天休闲吧和露天烧烤餐厅。这些设施同样选用蓝色和红色的躺椅、黄绿条纹的沙发坐垫，与室内色调保持一致，最大程度地让宾客们享受室外活动的乐趣。

而在酒店后院，设计师用一圈较高的灌木和低矮的砖墙围出一块长方形的空间作为露天休闲吧，黑色高背藤编沙发围城直角，地面用深色砖块拼接成圆圈形几何图案，在寒冷的冬季，酒店贴心的在休闲吧中间添置了取暖设备，让您同样能享受户外乐趣。

在另一侧，露天泳池与露天烧烤餐厅相邻，仅用一排金属栏杆相隔，平时分开使用，在特殊的日子，将栏杆移除，这块空间就成了举办各种火热的露天派对的首选。

262 · 查尔斯顿Home2 Suites酒店 *Home2 Suites by Hilton® Charleston AirportConvention Center*

264

酒店地址／1664 Whittlesey Road Columbus, Georgia 31904 USA
连锁品牌／Home2 Suites
客房数量／91间
楼层总数／4层
配套设施／餐厅、酒吧、会议室、
健身中心、室内游泳池、宠物乐园

Home2 Suites by Hilton® Columbus, Ga

哥伦布Home2 Suites酒店

位置：哥伦布市

哥伦布Home2 Suites酒店位于美国乔治亚州哥伦布市，靠近公牛溪高尔夫球场、希思公园和樱桃树购物商场，附近还有哥伦布州立大学。酒店离菲尼克斯城仅8公里，距周边的三个机场均1小时左右车程。

主题：哥伦布中的绿洲

或许是希尔顿人对品牌有着强烈的荣誉感，或许酒店是希尔顿人宣传品牌最节约的途径，或许是酒店想突出自己的标识从而让赶往酒店的客人有明确的方向感，哥伦布Home2 Suites酒店的招牌被立在三个最显眼的位置上。酒店周围显然是经过设计的，并且有明确的停车区块。此外，还有一条供人散步的小径，两旁分布着高矮不同的绿色植物，小径与宽敞的停车场之间用低矮的灌木隔开，小径这边是一个小型花园，花园中心种着一片薰衣草，而薰衣草上面就摆放着酒店最大最亮眼的招牌。

酒店由两幢楼组成，中间间隔一个H形的天桥，外观则选择了反差明显的深浅木色系。酒店设有两个大堂方便来自不同方位的客人出入，而两个入口的大小相当，入口外分别以门廊式的风格打造。

前台的设计也十分简洁。两个高矮不同的台柜进行组合，更让人感到贴心的是，在等候办理入住和退房的时间，你也可以吃点什么或者喝点什么来打发无聊的时间。在前台位子旁边，设有自动售卖机，摆放不同的饮品和各种零食。地板采用棕色系列，而台柜下方摆放有三块花色不同的地毯用以区分不同的空间。如果是在酒店入住的旺季，这个面积不大的前台可以同时接待3位客人办理入住和退房手续。

摇滚是讲求内心的呐喊和自由的，同样酒店中的开放式大堂"绿洲"，也崇尚着开放与自在。整个空间里仅仅采用了一长排草绿色沙发进行空间划分，这不仅减少了设计上的累赘，而且使更多人一起在这里聚会成为了可能。墙面、地板的颜色都很传统，但家具色彩的选择上具有跳跃性，顿时整个房间变得活泼起来。房间其中一面的墙上还悬挂了液晶电视，朋友们无论是一起看场演唱会或者足球比赛的直播都是不错的选择，更有家一般的感觉。

空间：省与不省，客人为先

与朋友聊完，可能已是深夜时分，于是我们来到酒店一个最核心的地方——客房。酒店套房分为两种主色调，分别是蓝色和橙红色。在往下追溯，你会知道这是哥伦布市的市旗上选用的两个色调。在房间中，你体会最深的一个词可能就是返璞归真，这指的是色彩的运用。虽然软装设计师也会选用淡黄色的墙面和有花纹的墙纸，但整体都控制在同一色系中，轻柔的颜色会让人的情绪完全放松下来。

而在套房中，基本也遵循这个应用原则——对比模糊、用色轻柔，甚至连套房中的休息区与办公区的隔断也没有选择厚重的电视柜、沙发、橱柜等，而是采用了橙红色或者宝石蓝的帘子进行间隔。这种巧妙装饰从而节省空间的方法值得借鉴。

酒店对客人在不同场所中的需求也考虑得周到和细致。考虑到客人的需要，酒店精心地准备了烧烤炉和遮阳棚，你还可以与朋友在露台一起烧烤、畅谈。

设计师并不吝惜安排和装点大面积的公共空间，比如泳池。酒店室内设有深水区的游泳池区域，然而酒店觉得还是不够完美，于是我们发现，还有一个户外泳池在酒店后侧背对阳光的地方。这种细致入微的功能安排也许就是希尔顿何以成为国际连锁酒店巨头的原因之一。

266·哥伦布Home2 Suites酒店 *Home2 Suites by Hilton® Columbus, Ga*

酒店地址 / 603 Navarro St, San Antonio, TX, 78205, USA
连锁品牌 / Home2 Suites
客房数量 / 128间
楼层总数 / 13层
配套设施 / 餐厅、酒吧、会议室、
健身中心、室内游泳池、宠物乐园

Home2 Suites by Hilton®
San Antonio, Texas

圣安东尼奥Home2 Suites酒店

位置：圣安东尼奥市

圣安东尼奥Home2 Suites酒店位于美国得克萨斯州圣安东尼奥市中心地带，离历史悠久的阿拉莫和著名的圣安东尼奥河畔步行街仅几步路，靠近圣安东尼奥儿童博物馆、里普利的鬼屋冒险和拉维利塔。酒店附近还有河心购物中心和市集广场让您目不暇接，此外，您还能轻松前往许多高档餐厅用餐。

主题：多重休闲设施，轻松由我

Home2 Suites酒店以其独特风格、灵活布局、宽敞空间和高档设施为宾客提供宾至如归的住宿体验。作为居家型酒店，如家一般的温馨舒适在客房设计上充分得以体现。房间整体采用了暖色调，米色的墙面和沙发配以浅驼色地毯，点缀以橙色窗帘，入住其中仿佛时刻有一丝暖阳照耀至心底。客房内各个功能区划分合理，将社交、工作与私密空间用布帘隔开，亦分亦合的设计满足了不同宾客的需求。客房内家具、设备的选择也体现出对宾客细致入微的关心，符合人体工学设计的椅子和书桌让人能舒适地专心伏案工作，简洁的布艺沙发和案台提供了会客、休息的空间，厨房带有冰箱、洗碗机、微波炉和各类餐具，可以自己动手准备丰盛的料理，俨然是一个临时的温馨小家。

酒店多功能公共区域"绿洲"是专门设计供您在房间外进行工作和娱乐的场所，为宾客提供热情友好的社区空间，让他们在舒适悠闲的环境中轻松办公、尽情娱乐。24小时开放的健身中心"Spin2 Cycle"配备先进的Precor健身设备，橙色和黄色的墙面会激发起您全身的运动细胞，透过两个鲜艳红色的健身球点缀原本平淡无奇的健身空间。室内游泳池以白色为基调，蓝色池底在透过池水在灯光下显得格外幽静，池水使用天然矿物维持盐度，让人仿佛畅游在大海之中。"宠物乐园"提供狗屋和其他宠物服务。露台和烤架为您举办聚会提供了绝佳的场所。

空间：自由开放的空间

酒店套房虽面积不大，但各个功能区分布紧凑合理。床前的布帘将私密的卧室空间隔离，"工作墙"贯穿独立起居区和卧室区，将厨房和灵活办公空间巧妙相融。如果您还不满意房间的格局，更可以选择自己动手调配屋内可移动的设施来搭配自己的套房。创造您自己专属的空间。

酒店独创的多功能公共区域"绿洲"更为宾客营造了轻松友好的社区空间。"绿洲"是一块4000多平方英尺的宽敞空间，采用挑高的开放式空间设计，整体风格简约时尚，白色墙壁未经过多修饰，窗户宽大明亮、采光极佳，浅绿色的沙发和橙色座椅的撞色搭配彰显着活力。在这里，没有刻意用屏障隔开吧台、上网区及阅读区等区块，您可以像在家一样，在Inspired Table吧台小酌，结识新朋友，或端着酒杯去电脑前体验高速上网冲浪的乐趣，随后找个角落静静地欣赏街景。在"绿洲"，无需转换空间即能满足您自由、随性的一切休闲需要。种种空间营造手法非常适合将原本狭小的空间扩大化。

L!NDNER

HOTELS & RESORTS

───────────── 品牌介绍 ─────────────

没有最好，只有更好。Lindner品牌有着多种类型的酒店，主要是都市风格的酒店，也有度假风格酒店。无论在哪里，无论是什么类型的酒店，Lindner Hotel都体现了德国设计很强的实用功能主义风格。

酒店大多没有华丽的外表和前台，完全是实用主义至上的设计理念使得酒店外观看起来不大，内部却十分宽敞而出彩。每家酒店因地制宜，或选用体育场周边设施，或依山傍水利用天然森林氧吧优势，或打造地道的都市商务酒店，或利用动物园主题元素做内部装饰。总之，Lindner的酒店，每家都不同，每家都会令你印象深刻。

酒店地址 / Kurfuerstendamm 24, Berlin, 10719, Germany
连锁品牌 / Lindner
客房数量 / 146间
楼层总数 / 7层
配套设施 / 配套设施 / 露天餐厅、会议室、商务中心

Lindner am Kudamm Berlin

林德内尔艾姆库达姆酒店

位置：柏林

林德内尔艾姆库达姆酒店位于德国柏林的中心地带，距离 Kurfürstendamm地铁站仅300米，交通便利。距离历史悠久的 Gedächtniskirche Church教堂仅400米，附近还有柏林动物园、胜利纪念柱等景点。

主题：简洁实用的商务型酒店

德国人擅长将黑白灰色调运用极致。像很多德国现代类型的建筑一样，酒店外观四四方方，板岩加落地玻璃构筑了夯实的结构，让住客感觉到安全、信任。呈角的灰色地面为客人做好了酒店入口的指引，以免这四方形而毫无檐廊的外观让人迷失。入口的一侧，一只柏林熊雕塑好似在欢迎客人的到来，看着非常亲切。熊是柏林市的象征，柏林熊有很多文化沉淀。

取材轻便、实用至上。迈入Lindner am Kudamm Berlin酒店，在大堂的设计中就能感受出德国人严谨、实用、干练的风格，黑白灰三种色调的使用使大堂显得极为简单，舍弃了舒适的沙发、圈椅，代之以长条软凳供等待办理入住手续的宾客小憩，如此简单的大堂定下了整个酒店的基调。柏林是个绿色环保城市，满眼植物的生活环境让人们习惯了绿色这种颜色，为此，软装设计师在黑白灰这些无色系之外选用的唯一色彩即是绿色。绿色的靠垫、绿色挂画，无不显示出勃勃的生机。

直率的日耳曼民族性格，使得很多空间化繁为简。德国人喜欢户外就餐，对柏林的好空气自信满满。几把遮阳伞，几张方正的实木桌椅，构筑成了户外餐厅。

酒店会议室同样坚持着简洁实用的理念，轻便的黑色会议桌可根据不同类型会议的需要拆分组合，虽然家具简单，却丝毫不影响酒店配备先进的商务设施，例如会议室配备了先进的视频会议系统，便于宾客随时召开视频会议，宾客的各种商务需求在此均能得到满足。

空间：最大化保留客房空间

林德内尔艾姆库达姆酒店客房虽然宽敞，但设计师仍然秉承了高效利用空间的理念，没有选用体积较大、质感厚重的传统酒店家具，取而代之的是各种轻便可移动的家具，例如轻便圈椅和木制小矮柜，以及套房配套的带滑轮的餐桌椅等。客房更将简洁实用的风格得以延续，抛弃了墙纸、护墙板等装饰性材料，仅以白色涂料粉刷墙壁，看似简单却另藏玄机，每间客房房间都贴心地做了隔音处理，让您完全免于外界噪音干扰，家具都采用本色木料制作，并巧妙地与不同房型的格局相结合。为了节省空间，书桌和床头柜被嵌入了墙壁，卧室与浴室的空间以木屏风隔断，最大限度的保留了客房原有的空间，处处体现了实用主义设计的精髓。

作为商务型酒店，书桌必不可少，这也是这家酒店客房最具特色的亮点，以一块嵌入墙壁的厚木板代替了传统的写字台，与墙壁连为一体，不仅节省了空间还颇具时尚感。在商务双人房内，写字台和电视机组成了一个区域，解决了一个人在卧室看电视，另一个人办公两种不同的功能需求，而无需墙面隔断。由此可见，实用功能性良好的家具在空间利用上可以充分 地发挥作用。

酒店地址 / Otto-Fleck-Schneise 8,60528 Frankfurt, Germany
连锁品牌 / Lindner
客房数量 / 111间
楼层总数 / 6层
配套设施 / 室内外餐厅、酒吧、会议室

Lindner Hotel & Sports Academy

林德内尔酒店 & 体育学院

位置：法兰克福

林德内尔酒店 & 体育学院坐落于德国法兰克福市的运动中心地带，周围森林茂密。它毗邻Commerzbank-Arena体育场，即Eintracht Frankfurt足球俱乐部的主场，距离法兰克福高尔夫俱乐部1公里，并与德国体操协会素来保持着友好合作关系。酒店距Stadion S-Bahn（城市轻轨）站步行仅需10分钟，距法兰克福火车总站及法兰克福机场均仅10分钟左右车程。

主题：健康生活的运动型酒店

作为一家运动主题酒店，酒店设计简约而不失时尚气息，细节之处细腻地融入运动活力元素，从而迎接着四方宾客，是前来参加会务、学术研讨、出差商务或观看比赛演出的宾客们真正的"运动场"。

酒店的设计理念是将酒店自身与周边环境融为一体。朴素的米黄色外墙，不锈钢支撑的板形候车区域，还真有点当年的包豪斯设计风范：简洁、耐用，绝不做无功能的装饰，绝不浪费材料。

"健康生活"是酒店希望向宾客传达的信息。入住的客人们在经过大堂、客房、餐厅、会议室等任何地方，都随处可见墙上照片中运动员的身影。极具视觉冲击力的照片中不同年龄不同种族的人们脸上挂着幸福的笑容正享受着运动带来的乐趣，仿佛在说：生命在于运动，一起加入吧！

室内家具明快的色调，以及窗帘上象征五环的几何图案更是激发了人们的运动细胞。

如此优越的室外运动条件，酒店没有必要再另辟室内健身房了。户外便利的场所设施让宾客们仿佛处于一个大健身会所中，你可以在绿树环绕的森林散步、慢跑，可以去高尔夫球场挥杆，也可以充分利用周边体育场馆的一切健身设备。

如果你来酒店之前是一位不爱运动的上班族，是不是在住完酒店后就会从此改变人生对运动态度呢？这正式酒店想改变你的。

空间：功能至上

富有现代感的舒适客房分为20间经济房、79间商务房、10间头等房及2间套房。房间内色彩简洁却不失单调，白色的墙壁配以灰色护墙点缀，家具大多采用白色或原木色，窗帘、被套、椅子、电视背景墙采用统一鲜明的色调，甚至电源开关板也没有被遗忘，或用代表生机活力的浅绿色，或用高贵端庄的紫色，亦或欢快活泼的橙色，迈入房间心情即刻焕然一新。

运动后的你一定很想洗个舒心的热水澡，开放式的淋浴房既保证了私密空间，又与房间融为一体，加热毛巾架足以体现酒店的用心。套房内还配有便利的厨房设备和沙发床，可以提供你运动后的食物补给以及解决临时增加的访客入睡问题。

酒店餐厅可容纳160人同时就餐。蓝色卡座与红色椅子相互映衬，食欲于是大增。设计简洁的四方小桌可根据客人数量随意组合摆放，高效利用空间却又没有局促感。此外，庭院餐厅也是会见朋友、休息放松的好去处。

酒店拥有3间圆桌会议室和4间大型会议室，适合召开各类会议。其中圆桌会议室可召开10人左右的会议，商务多功能厅则可容纳250人。最大的两间会议室以移动墙壁分隔，可根据需要合并为一间220平方的大型会议室。最具特色的是，位于一楼的会议室嵌有整面落地玻璃，自然采光极佳，利用会议间隙举目远眺，一片郁郁葱葱的绿色顿时让人消除疲劳。

因为地方开阔，酒店认为没有必要深挖造价昂贵的地下停车场，酒店的停车场位于酒店隔壁的空地。

酒店地址 / Neanderstr. 20, Hamburg, 20459, Germany

连锁品牌 / Lindner

客房数量 / 259间

楼层总数 / 7层

配套设施 / 桑拿、蒸汽浴室、健身设施、酒吧、会议室、宴会设施、停车场

Lindner Hotel am Michel

林德内尔米歇尔酒店

位置：汉堡

这间全新的优雅酒店位于汉堡市中心著名的St Michaelis教堂以及繁华的港口区旁，离地铁站以及城市铁道站800米远。酒店的地理位置相当不错，几乎所有的景点都在它方圆1千米以内，大部分的景点只需要花上15至20分钟就可抵达，真的是太便捷了。住在Lindner Hote Am Michel，只需几分钟便能到达Peterstrasse和St. Michaelis教堂。该4.5星级酒店紧邻Fliegende Bauten及莱伊斯音乐厅。

主题：都会休闲风

酒店建于2008年，内设有优雅的现代化客房，双人间数量251间，有两张单人床的房间134间，有双人床的房间117间，有内连门的房间24间，套房数量（单间）8间。房间面积大多在26平方米左右，是开放式设计，厕所在门后——淋浴和浴室区域和床相邻。卫生间没有门。独立浴室提供手持淋浴花洒和梳妆镜。便利设施包括可存放笔记本电脑的保险箱和书桌，以及带有语音留言的直拨电话。您定能在旅途中找到家的舒适。酒店离车站很近，低层房间距离街道很近，早上的时候可能会有人散步，略有点吵，因此最好是选择朝里的房间。

酒店的前台不大，更多的把有限的面积用在功能区域上。譬如，暖色调的Sonnin餐厅很大，为客人提供国际美食和本地美食，供应早餐、午餐和晚餐。一侧的咖啡馆也提供餐饮服务。酒店7楼的保健中心内设有桑拿、蒸汽浴、日光浴以及户外露台。

空间：出色的德式楼梯

酒店外形是传统红砖外立面的点式楼，占地面积较大，设计师很好的运用了楼型特征，将地面和地下的空白空间利用到位。底楼的空地被利用为露天餐厅，布置了很多鲜花，在天气晴朗的日子里，和朋友在此小酌一杯很符合欧洲人的喜好。

酒店的地下一层被局部挑空，因此在地面上我们能看到一个圆形，面积不大，和方形的建筑物形成对比。圆形空间是考虑到消防安全因素而设立的，因为汉堡天气干燥容易起火，此空间利于逃生。而在平日，则被利用为仓储空间，露出的圆形"庭院"铺设鹅卵石，加之白色立面和灰色地面，气氛宁静。

在酒店的背街一侧设有德国传统的消防楼梯，特别狭窄陡峭，平日里仿佛特别的装饰物，使白色立面更为灵动。而在同侧的地面则设有原木栅栏，栏外是自行车库。原木材质的选用，在阳光下显出蓬勃生机。

酒店地址 / Bismarckstr. 118, Leverkusen, 51373, Germany
连锁品牌 / Lindner
客房数量 / 121间
楼层总数 / 6层
配套设施 / 酒吧、餐厅、会议室、健身房、桑拿房

Lindner Hotel BayArena

林德内尔拜耳球场店

位置：莱沃库森

林德内尔拜耳球场店紧邻著名的拜耳球场、卡尔杜伊斯堡公园和弗利塔尔德雷纳乌，是足球迷的理想住宿之地。附近还有阿尔滕贝格大教堂、奥登塔尔、科隆动物园等景点。

主题：热情奔放的球迷据点

酒店得天独厚的地理位置使其与足球结下了不解之缘。林德内尔拜耳球场店紧依勒沃库森的拜耳球场而建，外立面也随着球场轮廓呈半圆环形，外墙采用与球场外圈相同的白色，与球场融为一体。

酒店所有客房都集中在一侧，因此每间客房都采光极佳，为了不浪费这些自然采光，每间客房都设计有大面的落地玻璃。客房整体以咖啡色调为主，棕红色的地毯与球场外圈的田径跑道相呼应，衣橱柜和电视机柜都统一漆成了深浅咖啡条交错，产生了跳跃的动感，无不体现运动的主题。

酒店充分利用了拜耳球场这一地理优势，在空间设计上尽可能地与球场相互融合，借景成为设计师最常运用的手段。

酒店的会议室设在靠球场一侧的较高楼层，乍看这个铺设有木地板、配有简单会议桌椅的会议室没有什么特色，然而转头一看，一窗之隔就是拜耳球场，白天阳光充足的时候，放眼望去满眼绿油油的草坪，能充分缓解您会议中的疲倦。会议室的玻璃窗凸出在房间之外，下面采用向内倾斜的设计，上面有类似顶棚的玻璃覆盖，拓

展了采光空间，也开阔了俯瞰球场的视野，在玻璃窗边，三三两两摆有茶几和座椅，想必在有球赛的夜晚，这里一定成为宾客们趋之若鹜的理想之地，舒适程度堪比球场内的VIP包厢。酒店另一间餐厅也采用相同的设计，椭圆形的餐桌可容纳十几人共同就餐，是宴请亲朋好友的佳地，边开怀举杯边为球赛加油助威，充分体验着这个足球与啤酒王国的特色。

此外，细心的酒店还为热爱运动人士配备了蒸汽浴室，在设施齐全的健身房出了一身汗后，到高温蒸汽浴室里贴有马赛克装饰的躺椅上放松将是不错的体验。

空间：顺应球场造型的弧形分割

酒店客房占据着半圆环形外侧的六层，靠内环的天井空间则留给大堂、餐厅等公共区域，这些天井里的公共区域没有屋顶，仅用玻璃覆盖以遮风避雨，最大程度的保留了自然采光，节省经营成本的同时更体现了绿色环保理念。

酒店设计最大的特色要数狭长形的公共区域，这里集大堂、餐厅、商场、酒吧等各种功能为一体，各个场所之间并没有明显地空间区隔，完全呈开放状态。因为没有屋顶限制，顿时觉得特别空旷，有些露天广场的感觉。各个功能区域的设计以弧形分割，区域中间留有半圆形的电梯井空间，围绕这个半圆摆放了一圈藤编沙发椅，边

上还有设计前卫的白色真皮圈椅与立体几何形的茶几，为宾客们提供休息、闲聊的场所，再往外有一圈弧形的玻璃商品陈列柜，里面摆放着各种与足球相关的精美纪念品。正对电梯井是开放式的酒吧，黑色木质吧台足足有几十米长，三十余张红色旋转吧椅一字排开，吧台后的墙上贴有巨幅球星海报，比赛日在吧台坐着通过墙上的电视屏幕观看一墙之隔的球场上的竞技，听着球场内外球迷的呼声，仿佛置身在看台上。酒吧的延伸段是一块就餐区域，放行木质小餐桌依空间变化看似随意摆放着，为宾客们提供丰盛的料理。晚上，抬头望去，上方悬挂的巨大白色球形灯饰，更让您感觉在凝望着夜空的月亮。

酒店地址 / Rennweg 12, Vienna, 1030, Austria
连锁品牌 / Lindner
客房数量 / 219间
楼层总数 / 7层
配套设施 / 酒吧、宴会厅、餐厅、会议室、健身房、桑拿房

Lindner Hotel Am Belvedere

林德内尔AM丽城酒店

位置：维也纳

这家典雅的酒店被绿色环绕，位于迷人的维也纳市中心兰德大街附近，享有现代威尼斯的风格。酒店靠近维也纳大学植物园、美景宫、维也纳ORF中心和丽城。许多景点如圣斯蒂芬大教堂和博物馆区，均可从酒店步行前往。电车站距离酒店约70米远，便利的交通可直达机场。

主题：酒店设计要迎合当地文化

建筑物总要因地制宜才显得合适。为了与城市周围的古老建筑融为一体，作为一家四星级酒店，Lindner Hotel Am Belvedere的外观显得格外朴素。酒店一至二层的外立面为黑色大理石砖墙，再往上则用了米灰色涂料。它摒弃了一般酒店惯用的玻璃、砖块外立面，看起来更像钢琴琴键，黑白分明，同时也迎合了维也纳音乐之都的美誉，让这家酒店有更多的文化认同感。

一如欧洲传统酒店的经营模式，酒店大堂面积不大，但实用功能突出。透过玻璃搭建的前台投射出柔和的暖色调灯光，更像一个大灯箱，一下子把初次入住的客人的注意力吸引过去。休息区的墙面上镶嵌着12个电视屏幕播放着各种类型的电视节目，让人眼观六路，更满足了不同宾客的喜好。另一面墙上则挂着微距拍摄的大大的蒲公英照片，顿时让人感受到大自然的绿色气息。大堂照明很节省，它摆脱了众多酒店千篇一律的豪华水晶吊灯，而是在需要的地方，诸如前台、休息区的上方悬挂了或长方形、或花瓣形的，形状各异的日光灯。因需所置的低成本照明值得借鉴。

拉开酒红色的窗帘，透过整面墙宽度的落地玻璃窗俯瞰维也纳老城风貌，优雅而质朴的气息扑面而来。走进房间，米色和酒红色为主题色调的空间散发出种种优雅，这种气质一如维也纳给人的第一印象。床头挡板设计别具匠心，大朵朦胧的玫瑰花图案占据了整个床头，平添了一份浪漫。即便是在严肃的会议室，酒店仍然在墙上装饰着巨幅薰衣草照片，想必能舒缓开会中的紧张神经。这里有6间会议室能满足不同用户的需求。

空间：半开放式的空间分隔

客房最大化的利用了空间。设计师将电视固定在墙面，省去了电视柜、行李架等传统酒店固定的家具模式；撤去宽大笨重的书桌，换上简约风格的迷你书桌。这些都完全不影响功能。客房在布局上采用了半开放式的空间分隔，在卫生间与房间之间以整面墙大小的壁橱隔断，既为宾客提供了实用宽敞的存储空间，又保留了私密空间。在套房的设计上也秉承了这个理念，在正对床的位置立起薄薄的隔断，中间位置留空用来嵌入电视机，并且极为巧妙地设计了可以将电视正反旋转的机关，如此贴心的改进，一改以往套房要在客厅和卧室配两台电视的设计，节省了酒店的装修成本。

酒店极其推崇健康的生活理念并充分考虑到素食主义者的需求，专设有全素食餐厅。餐厅墙面以红砖块装饰，并选用了原色的木椅子和四方餐桌，呈现出朴素而亲近自然的原生态之美。餐厅拥有一个冬季花园和室内庭院，以及葡萄酒馆，以满足寒冷冬日里客人想亲近自然的诉求。总体开放，局部私密的空间布局值得借鉴。

因为维也纳冬季漫长寒冷，酒店设有桑拿房。桑拿房全部采用本色原木装修，除了遮光窗帘等必要设施，无其他装饰，给人返璞归真的感觉。大汗淋漓之后，躺在桑拿间外边的休息室藤条编织的躺椅上喝杯饮料补充水分，一天的疲劳尽殆。您也可以在配备先进设施的健身房中对着窗外的美景跑上几公里，或在水疗中心放松身心。这些健身场所都是功能至上，无繁琐的装饰。透过暖黄色灯光让人感觉很舒服。或许，让人体感舒适的空间最能体现设计师的水平。

292 · 林德内尔AM丽城酒店 *Lindner Hotel Am Belvedere*

酒店地址 / Stefan-Bellof-Strasse, Nuerburg, 53520

连锁品牌 / Lindner

客房数量 / 154间

楼层总数 / 5层

配套设施 / 酒吧、餐厅、会议室、

健身房、桑拿房、蒸汽浴室、按摩水疗室

Lindner Congress & Motorsport Hotel Nürburgring

纽博格林林德内尔会议 & 摩托俱乐部酒店

位置：纽伦堡

纽博格林林德内尔会议 & 摩托俱乐部酒店位于巴伐利亚州的第二大城市纽伦堡背靠High Eifel地区的优美景色之地。酒店的前方是享誉全球的Nürburgring赛道。酒店交通便利，可直达纽伦堡会议中心。凭借出色的自然景色和人文景观，酒店吸引了四方运动爱好者和商务人士。

主题：会展酒店+速度与激情的赛车主题酒店

位于F1赛道起点和终点的纽博格林林德内尔会议 & 摩托俱乐部酒店，外观并不起眼，5层楼的长方形建筑方方正正屹立在面前，它体现了德国人的严谨和一丝不苟的办事作风，满足了参展商和与会者的住宿要求，同时也兼顾赛车迷的个性化需求，定位同时满足会展酒店和设计酒店的要求。

酒店内部给人截然不同的个性化感受。客房并不拘泥于一种风格，但是都在细节中融入了赛车主题元素：有的房间以灰色为主色调，深灰色的地毯中心部分是浅灰色类似赛车道的椭圆环形图案，床头墙上大大地挂着德文"BOXENSTOPP"的单词，是F1比赛中"加油停车"的意思，寓意着客房是客人奔波旅途中停留休息的地方；有的房间则以代表着速度与激情的红色调为主，地毯选用了灰色直条纹图案，让人联想到在直线赛道上冲刺的快感，墙上的装饰画则是各种赛车与车手的形象，以及在象征速度的抽象图案。因为邻近赛道，客房加强了隔音处理，保证了宾客宁静的休息空间。

作为一家以赛车为主题的酒店，在运动与休闲设施方面自然一应俱全。健身房配有各种先进的健身器材，墙上挂有展现人体力量与速度之美的照片，另一面墙上嵌有一大面镜子，一方面从视觉上拓展了空间感，另一方面让您在健身时更充分认识到自身形体有待改进

之处。酒店的芳香蒸汽浴室和桑拿浴室也是广受欢迎的场所，浴室中间是椭圆形的金色小块马赛克贴面装饰的浴池，浴池边缘是带靠背的长条座椅，座椅下还贴心的安放了用来泡脚的方形小水池，高温桑拿房和淋浴间分布在浴室的周边，外间摆放有藤编休闲躺椅，墙面仍然是以赛车相关大幅照片装饰。

酒店内摩登迷人的无烟餐厅面向赛车场的两面墙都采用了落地玻璃，带给您的不仅是味觉的享受，您还可以边品尝美食边观看跑道上从起点到终点的精彩瞬间。您也可以在cockpit酒吧结交同为赛车爱好者的朋友，享受酒吧为您带来的轻松自在的氛围。

即使在严肃的会议室，墙面上的装饰也与赛车有关，有的挂有赛车照片，有的则用长长的抽象车轮印横着贯穿墙壁装点。

空间：变化莫测的现代感分割

酒店的各个功能区并没有采用中规中矩的空间分割，而是采用了充满现代感的立体设计，在公共区域尤为突出。酒店大堂被设计成拱形穹顶，正中心位置是用以承重的圆柱，屋顶的弧度在视觉上产生空间无限延伸的错觉。以中心圆柱为分割，大堂被分为电脑上网区和休息区，在电脑上网区，为了创造出相对安静而私密的空间，设计师采用了倾斜设计的木板隔断，将其与大堂其它区域分割开来。

蒸汽浴室和桑拿房则是一块椭圆形的空间，中心的浴池也被设计成对应的椭圆形。这种不规则的空间分割在客房中也有所体现，部分套房整体并不是常规的长方形，其中会客空间以扇形的地毯及上方对应形状的扇形吊顶加以分隔，与卧室区分开来。正是这种不规则的空间设计，体现了酒店独特、前卫、大气、时尚的设计理念。

酒店地址 / Magnusstr. 20, Cologne, 50672, Germany
连锁品牌 / Lindner
客房数量 / 236间
楼层总数 / 6层
配套设施 / 酒吧、餐厅、会议室、健身房、
桑拿房、蒸汽浴室、室内泳池、漩涡泳池

Lindner Hotel City Plaza

林德内尔城市广场酒店

位置：科隆

林德内尔城市广场酒店位于莱茵河左岸的科隆老城区，靠近鲁道夫广场、米洛维奇人民剧院和最著名的景点科隆大教堂，附近还有罗马日耳曼博物馆和瓦尔拉夫里夏茨博物馆。酒店交通便利，靠近地铁站，可以方便到达机场和火车站。酒店为宾客们提供传统德国家庭的入住体验。

主题：传统日耳曼民族特色酒店

酒店地处科隆老城区的中心地带，为了避免与周边的老建筑格调格格不入，酒店外观选用了传统德国建筑的风格：红砖墙、灰屋顶，白色边框的窄长形窗户从一楼贯穿到六楼。整幢建筑轮廓上整齐统一，构图中间突出，两边对称，颇具文艺复兴式的建筑风格。

德国的黑森林地区覆盖广袤的树木，木材产量颇为丰富，酒店因地制宜，在室内设计上也延续了德国传统家庭装修中大量采用木料装饰的特点。踏入大堂，红色的立柱、黑色的家具和褐色的木质护墙，搭配出厚重的质感，而水晶吊灯更是提升了档次，庄重而经典。为了顺应时代潮流，软装设计师选用了红、黄、蓝彩条相间的地毯打破了这种过于沉重的气氛，恰如其分地活跃了大堂气氛，使得酒店的姿态更亲民，潜在地增加了入住率。

客房内的硬件家具诸如真皮沙发、床头柜、写字台、床板等仍以厚重的黑色为主，但为了营造宁静、舒适的休息环境，软装则大多选用浅绿色系，床单、枕头、靠垫、地毯、窗帘、台灯等，都采用了深浅不一的绿色，连花瓶中的花束都挑选了别致的绿色。

餐厅和酒吧是林德内尔城市广场酒店最具德国传统特色的场所。餐厅采用了巴洛克式设计风格，暗红色民族图案的布艺墙体装饰、红色提花织锦的沙发、红黄蓝绿四色编织而成的地毯，屋顶巴洛克式的复古仿真蜡烛吊灯更起到了画龙点睛的作用，在这里品尝着传统德国美食，仿佛穿越回到百年前的德国。

被称为"啤酒花园"的吧台在传承传统功能的同时又融入了现代元素，半圆形的吧台保证了酒保活动空间的同时，最大化地容纳了宾客同时入座。旋转吧椅选用时尚的半球形，外面是红色玻璃纤维材质，内侧则是舒适的真皮包裹，让您久坐也不会觉得疲劳。好看又好用的家具产品能给室内设计起到画龙点睛的作用。

空间：营造温馨的家庭空间

就像大堂立柱上大大的单词"HOME"所表述的那样，定位在商务便利型的林德内尔城市广场酒店在空间营造上力图给人以家的温馨感。大堂休息区的设计营造出一个小小的客厅空间，黑色或白色的皮质沙发上随意地放着柔软的布艺靠垫，简洁的黑褐色原木茶几上摆放着国际象棋供客人娱乐，一盏可以随意调节角度的黑色灯罩笼罩下的立式台灯，恍若是坐在传统德式家庭的客厅里。

客房是客人们待得最久的空间，像家庭卧室般的舒适感是酒店所追求的。精心挑选的毛绒毯和高档床上用品确保您能够舒适地进入梦乡。酒店餐厅的一角留有可供宾客动手DIY的区域，提供了盘子、茶杯等简单餐具，以及基础的调味料，您可以像在自己家一样，动

手调制一份简单的料理在此享用。这块区域被设计成普通德国家庭餐厅的样式，白色的酒柜和餐具柜摆在靠墙的位置，中间则留给长方形西餐桌和高脚餐椅，桌布和椅垫统一采用了红白格子花布，散发出浓浓的德国乡村气息。餐桌上方的灯具特别值得一提，圆球形的灯周围挂满了打蛋器、汤勺、杯子、漏斗等厨房用品装饰，俏皮而又主题鲜明。

值得一提的是，Lindner Hotel City Plaza配有800余平方米的商务空间，它分割成10个大小不一的会议室，在保证不同类型的会议成功举办的同时，颇具人情味的装饰更似在开家庭讨论会。

酒店地址 / Lindner Park-Hotel Hagenbeck
连锁品牌 / Lindner
客房数量 / 158间
楼层总数 / 5层
配套设施 / 桑拿、蒸汽浴室、健身设施、
酒吧、会议室、停车场、舞厅

Lindner Parkhotel Hagenbeck, Hamburg

哈根贝克林德内尔公园酒店

位置：汉堡

哈根贝克林德内尔公园酒店四星级高级酒店毗邻汉堡的哈根贝克动物园和水族馆，以及德国及尼尔多夫兽类饲养和狩猎区。入住于此，既可享有全景的现代SPA，又可享有动物园的门票折扣。Hagenbecks Tierpark地铁站距离酒店仅有百米。搭乘地铁20分钟内即可抵达Hamburg Messe展览中心。

主题：欢乐的"动物园"

这家酒店最适合全家出游并带有小孩子的客人。相信每位孩童都能在这里度过一段快乐的时光。酒店的装修很有风格，主要采用的是非洲和亚洲的设计主题。

酒店提供拥有异国情调装潢的隔音客房。房间很大很整洁，房间的家具大都是比较民族化的，让人感觉到温馨舒适。房间的格调也是阳光清新的感觉，采光条件非常不错，加厚层卧床备有纯棉床单，像在家一样。

空间：耳目一新，奇趣空间

有别于寸土寸金的汉堡市区，这家酒店拥有549平方米的宽敞空间。酒店的装修设计采用现代时尚的设计理念，整体给人耳目一新的感觉，在保证配备现代设施的基础上，有些地方融入了非洲的风格元素。

以"北极"为主题的Lindner健身区位于5楼，设有2间桑拿浴室、1个蒸汽浴室和1个休闲室。酒店的Augila餐厅里还设有开放式厨房。客人还可以在露台上或者在Baobab Bar & Café酒吧以及咖啡厅放松身心。

---------- 品牌介绍 ----------

Medina酒店大多位于都市里很好的地段，房间的窗户即可见热闹的风景。虽然地处闹市，但都给人以安静典雅的感觉。

集时髦和舒适为一体的Medina品牌于1983年在澳大利亚成立，隶属于Toga Hotels。这个在澳大利亚已有超过30年的历史的品牌总给人以高品质的感觉，适合中高端商务及家庭游客，堪称游客的家外之家。住宿选择包括一、二和三个卧室的公寓以及带有工作室的房间。每一个宽敞的公寓都具备一定的功能特性，比如：设备齐全的厨房、洗衣房和舒适的生活空间。

住在Medina公寓酒店，客人可以享受烹饪的乐趣，在设备齐全的洗衣间洗衣服，或者在现代风格的起居室放松一下——即使在旅途中也不需要牺牲平日的生活方式和舒适度。而对商务旅行客人，公寓酒店既提供小型会晤的空间，也有大会议室来举办大型活动。酒店最大程度地为游客提供便利，也让举家出游的游客可以更好地享受跟家人在一起的时光。

酒店地址 / 550 Flinders Street Melbourne Victoria 3000, Australia

连锁品牌 / Medina

客房数量 / 107间

配套设施 / 商务中心、餐厅、室内游泳池、

健身房、桑拿、SPA、会议设施、餐厅

Medina Executive Northbank

梅迪纳诺斯行政公寓

位置：墨尔本

这间公寓酒店位于墨尔本的"心脏"，毗邻南十字火车站和水族馆，享有便利的获取港区、南岸、东墨尔本、南墨尔本、南亚拉和墨尔本中央商务区。这只是5分钟的路程可到墨尔本展览和会议中心、南跨站、澳洲电信圆顶。地点方便的住宿使它成为一个留在墨尔本的理想选择。

主题：心升暖意的公寓式酒店

这幢公寓式酒店坐落在墨尔本中心城市，提供酒店式公寓，客人可以很方便地访问墨尔本的旅游景点。

酒店拥有水疗，桑拿浴室和一个室内游泳池。体育爱好者也可以享受一个工作在健身房和客人可以放松按摩。酒店的屋顶泳池并不大，但是特别舒服。有阳光的日子里，在此畅游很是惬意。

酒店室内的总体色调是红色，布艺沙发配上流线型割绒地毯，主题墙上一个永不熄火的壁炉让人心升暖意。主题墙是一个书架，上面摆满了旅行者喜欢的书籍，配上一副红色调油画和几个漆器装饰罐，让人觉得这家酒店很有书香味。透过一橱的摆放，起到装饰两个立面的效果，真是一举两得的省钱之道。

空间：少隔断，多共享

单卧室公寓面积适中，设施齐全。公寓设有独立的起居、用餐和工作区，包括一间设施齐全的厨房。

酒店的餐厅面积也不大，因此设计师并没有采用隔断、包间等布置方式，而是将它设计成一个大空间，尽可能多的摆放桌椅，这样做即使在繁忙的时间段，也能避免更多的客人长时间等候，使他们可以直接就餐。所有桌椅都为实木质地，环保又健康。

为了避免空间给人的单调感，设计师将餐厅顶部设计成挑空，并刷上了橙红色漆，中心一盏古典花形的灯具画龙点睛，周边窗户透出些许天光，这种色彩搭配绝对让您食欲大增。

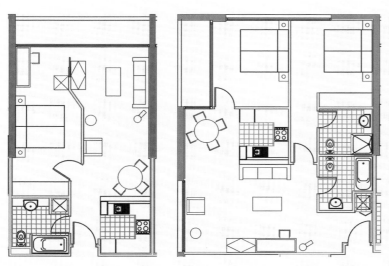

客房平面布置图

酒店地址 / 33 Mounts Bay Road, Perth, Australia
连锁品牌 / Medina Grand
客房数量 / 138间
楼层总数 / 6层
配套设施 / 酒吧、餐厅、会议室、
健身房、桑拿房、室外温水泳池

Medina Grand Perth

梅迪纳珀斯大酒店

位置：珀斯

4.5星级的梅迪纳珀斯大酒店酒店位于珀斯市中心，靠近珀斯会展中心，离珀斯机场20分钟车程，离BarrackStreet码头和国王公园步行仅需10分钟。酒店附近有各类餐厅、咖啡厅、健身房和商场，为前来商务或休闲的宾客提供公寓式的服务。

主题：舒适优雅、功能完备的公寓型酒店

作为公寓型酒店，设施完善、功能完备是最重要的。酒店的外观和公寓并无异，有着大大的室外阳台，区别仅仅在于顶部的酒店标志和底楼被挑空，局部做成落地玻璃。而承重则采用多柱支撑。轻松随和的休闲氛围呼之欲出。

透过一楼的落地玻璃，正是环境优雅的酒店餐厅。餐厅两面都是落地玻璃，采光照明极佳，切合了绿色环保的设计理念，褐色瓷砖地面、褐色木质轻便餐桌，搭配白色根据人体工学设计的玻璃纤维餐椅，让您在舒适幽静的环境中就餐。

酒店大堂整体采用灰色调石材装饰，地面铺设大块正方形灰色石面瓷砖，前台以及电梯厅的墙面采用浅灰色大理石贴面，大理石

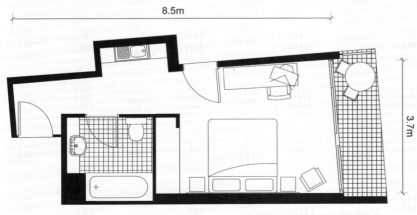

单人房公寓平面布置图（27平方米）

的自然纹理打破了灰色的沉闷和石材的冰冷，带来一丝优雅的灵动之感。不同于普通酒店的标间，酒店提供了单卧室套房、双卧室套房、工作室房、尊贵套房等多种房型供不同需求的宾客选择，部分房间推开落地玻璃移门即可在私人室外阳台休息。每间公寓客房都配备不锈钢厨房，烤箱、电磁炉、餐具等一应俱全，如果您不想外出就餐，厨房完全能满足您自己动手丰衣足食的需要。考虑到澳大利亚雨季较长，客房内还贴心的增添了洗衣机、烘干机等电器。客房的室内装饰以白色和咖啡色为主，简洁的涂料白色墙面，咖啡色柔软的地毯，配上浅咖色布艺沙发，整体优雅大方。

空闲时，您可以在酒店的露天游泳池畅游，泳池位于酒店顶层，面积不大，呈L形，分为浅水和深水区域，配有自动恒温系统，让您在寒冷的冬季也能享受游泳的乐趣。泳池周边铺设防腐木条地板，游累了您可以在遮阳伞下的躺椅上休息，晒晒太阳。

空间：优质采光+大容量储物空间

为了给宾客舒适的入住体验，酒店在客房内部空间上留足了余地，即使是最小的单人房面积也有27平方米，并配有露台阳台，而单人套房和双卧室套房面积更达47.6平方米和80平方米。设计师擅长将拐角阳台的充足光线引入室内房间，在明处采用全透明玻璃隔断，在拐角暗处尽量采用玻璃折射，使得房间全明，白天无需开灯可以解决所有的照明问题，大大节约了电能源，同时给人窗明几净的感觉。值得注意的是，珀斯因为四季气候温和，室内外温差不大，因此采用镜面玻璃材质基本无影响。而相比中国的空调和暖气环境导致室内外温差过大，若采用大面积的玻璃，建议选用防爆裂玻璃。

套房布局合理，进门处的两侧分别是卫生间和开放式厨房，走过中间的通道便来到宽敞的客厅，客厅除了沙发、电视，还摆放着四方形的黑色抛光木餐桌，将客厅空间分隔成两块活动区域。双人套房

的两个卧室分别位于客厅的两侧，各自带卫生间，即使两个家庭同时入住也保证了相互的私密空间。

考虑到公寓型酒店经常会有长住客人，酒店特别注意了客房储物空间的设计。卫生间洗手池下的空间被设计成储物柜，三四个抽屉让您分门别类能的放置私人物品。厨房操作台下也做成橱柜，上方也有两门壁柜。卧室内则利用作为隔断的墙壁设计了大空间的移门式壁橱，足够容纳好些日子的换洗衣物。

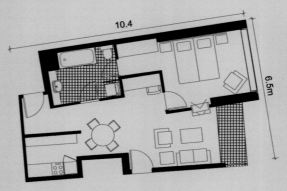

大床房公寓平面布置图（47.6平方米）

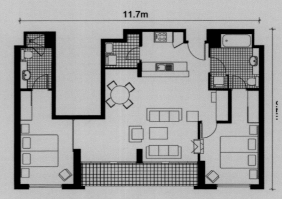

双床公寓套房平面布置图（80平方米）

品牌介绍

寻找新的酒店，替代传统的酒店吗?氛围才是你的终极目的。设计师认为充满活力的颜色、时尚的客房、独特的地段、轻松的氛围和新鲜的餐饮空间才能调动起客人的乐趣。每家酒店都能彰显你与众不同的高格调的生活品味。

Vibe hotel相当于中国的四星级酒店，以个性、活力著称，很受年轻游客和自由行客人的欢迎。Vibe在全澳洲各地的酒店风格、设施保 持着极高的一致性。酒店距离主要景点或市中心都非常近。目前有7家不同氛围的Vibe酒店，分别坐落在悉尼、墨尔本、黄金海岸和达尔文等地。

酒店地址 / 7 Kitchener Drive, Darwin, NO, 0800, Australia
连锁品牌 / Vibe
客房数量 / 120间
楼层总数 / 4层
配套设施 / 酒吧、餐厅、会议室、健身房、露天泳池

Vibe Hotel Darwin

达尔文袋鼠岛滨海酒店

位置：达尔文市

达尔文袋鼠岛滨海酒店位于澳大利亚北端的达尔文市，地处繁忙的达尔文港口海边，靠近Fort Hill码头、总统宫和国会大厦，与达尔文会展中心仅几步之遥。酒店是参加展会的商务人士以及海滨度假者理想的住宿之地。

主题：明快清新的海洋风

就像随意搭建的积木，酒店入口处一片三角形的屋顶与作为支撑的两块板形支柱为酒店定义了明快的基调。三角区域足以满足进出车辆的通行和接客、候车之需。仅仅4层高的酒店也因这块神奇的三角吊顶而显得派头十足，好似超大型豪华酒店一般。

海景本身就是最美的装饰，设计师充分利用地理优势，做到化繁为简，整体营造出清新、自然、朴素的海洋风。室内整体预算非常节省而效果出众。大堂内，地面和墙壁都以粗糙质感的仿石瓷砖装

饰，颜色选用了最贴近自然的大地色系，每块瓷砖颜色略有差异，反倒增添了自然感觉。木板与玻璃台面搭配的前台，以及上方垂吊下的白色三角形灯罩清新、简约。大堂休息区的沙发选用土黄色的布艺坐垫，与大堂整体自然风格相近，茶几则类似一截矮圆木桩，底部雕刻装饰，上面摆放着树枝造型的果盘。

酒店客房墙面则以与酒店大堂同色调但对比更模糊的米白色、浅灰色为主。墙上挂着抽象风格的艺术画；深色地毯与墙面的颜色形成鲜明对比，小巧的矮圆桌代替了传统的写字台和茶几，木质的床头柜极其简洁、别致。推开白色木框窗户，蔚蓝色的海景和清新的海风扑面而来。靠枕与沙发采用天蓝色与窗外的美景形成呼应，房间的家具灯饰以及装饰盆栽十分有品位，在冷色调的房间内起到了点睛之笔的作用。这样的客房设计风格，处处都透出一种居家情调，给人以清新而简单的印象。

Curve餐厅为四方宾客提供了愉悦的美食体验。餐厅选择了黄色和红色的木椅和轻便的长方形木质面板餐桌，可根据用餐人数随意移动拼接。天气好的时候，您还可以选择在露天餐厅的高脚餐厅和餐椅上边享用美食边欣赏海景。

空间：与大海融为一体

停留在达尔文的一个高质量酒店内，旅客必能深刻感受到它便捷的位置和安宁的气氛。半露天的游泳池在赤道热带海洋性气候的达尔文市十分实用。这里的夏季是雨季，通常长达四个月左右，为了既能让宾客享受到露天泳池的乐趣又不受潮湿雨季的困扰，

客房平面布置图

酒店游泳池设在了一楼的屋檐下，分为浅水区和深水区，边上摆放着条纹图案的木质躺椅，外围用人物和花卉抽象图案的镂空木屏风与酒店外空间隔开，保证了宾客畅游休息不被打扰，也避免了不必要的潮湿感。依游泳池而建的还有商务中心，由几台电脑构成。把落地窗外的泳池当风景，增加了视觉感受，也让人不再感觉到商务空间的狭小感觉。这种"前店后泳池"的格局也大大节省了酒店的空间。

酒店临海而建，在外观设计上就洋溢着海洋的气息，酒店的设计理念是——最大限度地将酒店空间与大海融为一体。建筑分为两部分，一幢是长方形的透明玻璃外墙主楼，另一部分是类似几何S形的附楼，让人联想到起伏的海浪。酒店大堂、餐厅、会议室、酒吧等功能区块都集中在整体配有落地玻璃墙面的主楼中，玻璃墙外随处可见无敌的海景，视觉上觉得室内空间得到了拓展延伸。较低的楼层还带有露台，在此面朝大海晒个日光浴，或在海风轻拂下享用港口刚刚打捞上来的海鲜，人生最大的乐趣也不过如此。

酒店地址 / 42 Ferny Avenue, Surfers Paradise, 4217, Queensland, Australia

连锁品牌 / Vibe

客房数量 / 199间

楼层总数 / 19层

配套设施 / 餐厅、酒吧、会议室、室外泳池、健身中心、停车场

Vibe Hotel Gold Coast

黄金海岸韦伯酒店

位置：黄金海岸

超现代风格黄金海岸韦伯酒店身处黄金海岸的市中心冲浪者天堂的中心区，步行去海滩只用5分钟。酒店距离海洋世界不到10分钟车程，梦幻世界、电影世界和野生主题公园均在25分钟车程内。

主题：超现代风格

Vibe的主色调是绿色，一走进不论是大厅还是电梯还有房间，都让人觉得非常的清爽和富有活力。在此居住几天，身心顿时感觉年轻，富有朝气。

酒店拥有一处泳池、水疗浴池、全天候客房服务和停车场。现代化的客房通透明亮，部分客房设有私人阳台，阳台上能欣赏到迤逦的河景或壮美的海洋，勒拿河绮丽的风光尽在眼前。房内还配有沙发和小厨房。阳台可以看到后面的大湖，后面有一个不错的游泳池。

您可以选择酒店的2间餐厅（酒廊或池畔酒吧），大快朵颐。点一杯喜欢的饮品，放松一下。CurveCafe咖啡馆采光充足，可欣赏到迤逦的河景，每日早间供应早餐。

空间：最适宜海滨度假

因为离海较近，同时在内河边，有河景房，部分房间可看到一点海景。风景不错，酒店安静，如果你来此休假，整体感觉会很好。

昆士兰令人难以置信的黄金海岸拥有阳光明媚的金色沙滩、绵延起伏的海浪、令人激动的夜生活以及完美的气候。作为一家纯酒店公寓管理模式的新生代酒店，房间面积并不大，但是功能完备。客房

现代而又明亮，拥有五彩缤纷的设计。宽敞的一室公寓客房内设有一张特大号床、沙发休息区和小厨房。

这是一家走时尚简约风的酒店。以嫩绿色为主题的崭新建筑完美地配合了冲浪者天堂的活力与动感。设计的亮点在于共享区域，譬如大堂。藤编家具配上孔雀蓝色调的靠垫，异常亮丽。就连灯具也选用藤编灯罩，凡此种种软装颇具热带气息且造价低廉。毕竟，新生代酒店的设计要在好看、实用的前提下，顾及造价。

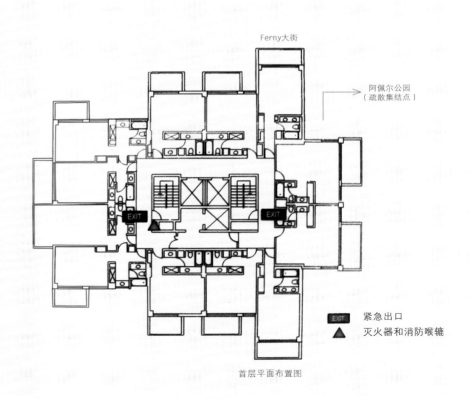

首层平面布置图

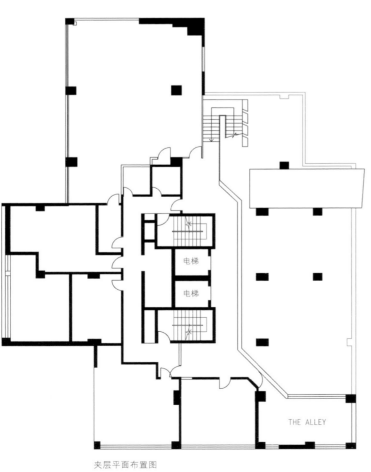

夹层平面布置图

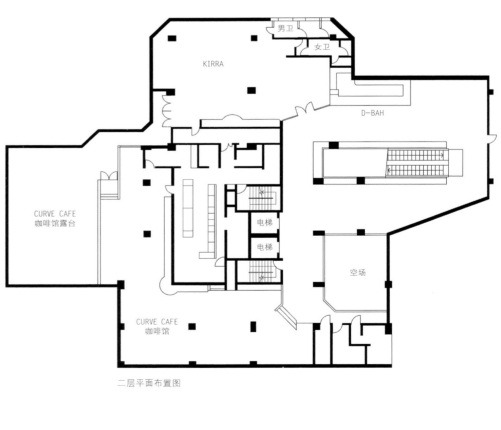

二层平面布置图

小型套房平面布置图
（室内61.8平方米）

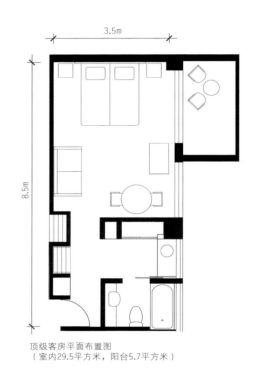

顶级客房平面布置图
（室内29.5平方米，阳台5.7平方米）

高级套房平面布置图
（室内114.3平方米）

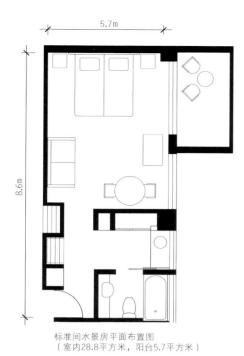

标准间水景房平面布置图
（室内28.8平方米，阳台5.7平方米）

标准三人间平面布置图
（室内28.8平方米，阳台5.7平方米）

一室公寓／工作室景观房平面布置图
（室内34平方米，阳台7.8平方米）

酒店地址 / III Goulburn Street, Sydney, Australia

连锁品牌 / Vibe

客房数量 / 191间

楼层总数 / 9层

配套设施 / 餐厅、酒吧、SPA、会议室、咖啡店、桑拿室、室外泳池、健身中心

Vibe Hotel Sydney

悉尼韦伯酒店

位置：悉尼

悉尼韦伯酒店坐落于悉尼室内繁华地区，相距牛津街上的时尚购物区和餐饮场所仅有5分钟步行路程。酒店坐落于城市的购物娱乐区。海德公园相距酒店仅有3分钟步行路程。达令港和标志性的悉尼歌剧院均相距酒店有30分钟步行路程。

主题：具有热带艺术气质的酒店

酒店设有天台室外泳池，毗邻有桑拿室。酒店内也有一家健身中心。而这家酒店的设计亮点也在此。悉尼阳光充沛，设计师利用了屋顶局部空间作为室外泳池，面积其实不大，但设计师擅长放大空间。选用了人工"草坪"作为地面装饰，在高大挺拔的热带树木映衬下是草绿色的围墙，天蓝蓝，泳池也是蓝色，让客人拥有阳光般的好心情。

空间：无边界的开阔空间

该4星级酒店包括12间套房。大堂除了几个敦实的立柱，别无其他隔断。您可以到酒店的餐厅随便吃一点。曲线咖啡厅和酒吧（Curve Café + Bar）提供全日餐饮服务，有澳大利亚葡萄酒和啤酒供选择。

设计师利用软装的不同色调隔断不同空间，例如等候区和休息区域的沙发选用了亮丽的玫红、橙色、黑白灰以及大地色调的地面形成鲜明对比。

此外，设计师还选用曲线型的灯具和饰品来柔化空间，运用亚克力材质透出彩色灯槽，让整个餐厅和大堂颇为新锐。

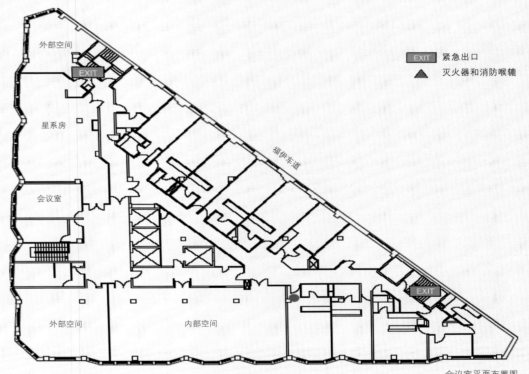

	EXIT 紧急出口
	▲ 灭火器和消防喉辘

会议室平面布置图

功能区	剧院	教室	宴会	歌舞表演	U形	会议室	鸡尾酒厅	面积平方米	高度
内部空间	130	50	80	64	40	50	150	96.6	2.6
外部空间	50	20–25	40	40	20	20	70	67.2	2.6
结合空间	200	120	160	160	60	–	230	163.8	2.6
星系房	60	40	40	40	24	30	100	87.7	2.6
会议室	–	–	–	–	–	12	–	25.8	2.6
外部空间的休闲座椅	15	–	–	–	–	10	–	30.0	2.6

Vibe各功能区容量

标准间平面布置图（38.1平方米）

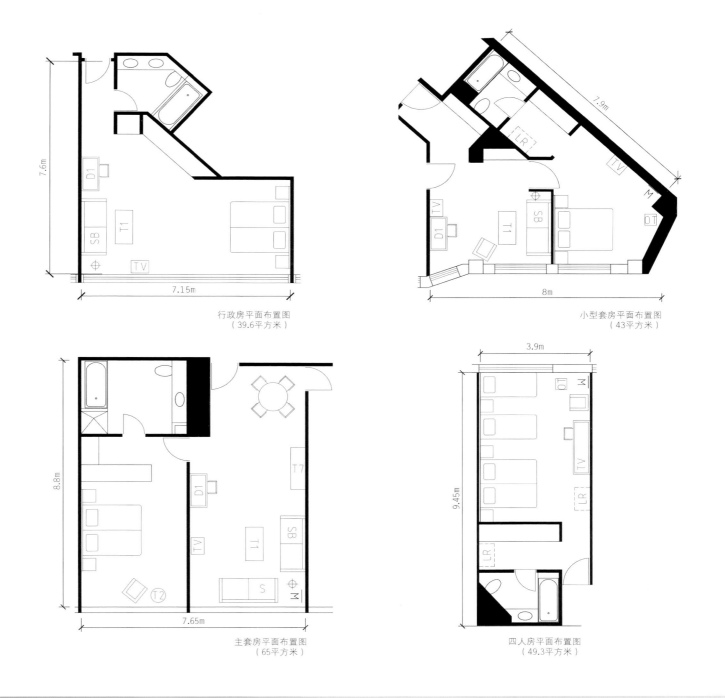

行政房平面布置图
（39.6平方米）

小型套房平面布置图
（43平方米）

主套房平面布置图
（65平方米）

四人房平面布置图
（49.3平方米）

⑤TOKYU HOTELS

—————— 品牌介绍 ——————

Tokyu Hotels连锁酒店遍及日本各地，为尊贵的客人营造舒适、安静的住宿环境。华丽典雅的大堂，安逸舒适的客房，品味极致尊贵，让客人尽享舒心惬意。

Tokyu Hotels旗下共有5大系列，东急凯彼德大酒店带您远离都市嘈杂，细细品味时光荏苒的旗舰酒店。东急大酒店是值得信赖、格调高雅、服务更到位的豪华酒店。东急卓越大酒店设计精练，具有现代风格的高雅酒店。以Fun、Love、Creative为理念，为客人提供超前舒适和充溢着愉悦的新式酒店生活。设计精练，具有现代风格。东急商务酒店拥有多功能空间，能够充分支援商务逗留的标准商务酒店，为商务人士提供实用、便利的标准商务酒店。东急度假酒店与自然相和谐，并能让您远离日常生活的喧嚣，尽情休憩的高档度假酒店。东急商务休闲酒店让客人按自己的节奏享受宽敞、多功能空间的酒店。

酒店地址 / 东京都千代田区永田町2-14-3

连锁品牌 / Tokyu

客房数量 / 禁烟客房271间客房、女士客房17间

楼层总数 / 地上14层,地下2层

配套设施 / 宴会厅、美发室、

会议室、商务中心、日式餐厅

Akasaka Excel Hotel Tokyu

东急赤坂卓越大酒店

位置：东京

东急赤坂卓越大酒店毗邻东京车站，从地下铁银座线（G05)、丸之内线（M13）赤坂见附站徒步1分钟到达。从地下铁有乐町线（Y16）、半藏门线（Z04）、南北线（N07）永田町站徒步2分钟到达。从东京站乘地下铁丸之内线需10分钟。饭店对面有餐饮一条街，电器店，吃购娱环境成熟。

主题：舒适为先，驻足细节

或许是日本人钟爱白色的缘故，酒店外墙立面选用了雪白的色彩，在阳光映照下分外显眼。白色无形中扩大了空间面积，使得整座酒店看起来外形庞大。到了夜晚，每个窗户透出浅浅绿色灯光，映衬着露台中种植的绿树，显得摩登而时尚。

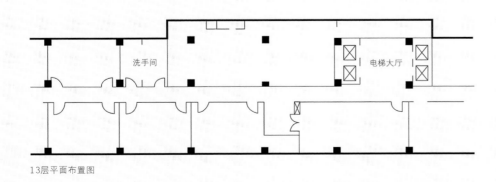

13层平面布置图

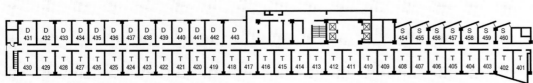

4-7层平面布置图

心随禅静，摩登日式。酒店最主要的功能是让住客入住安心，保证睡眠质量。东急赤坂卓越大酒店是众多东京酒店的典型代表，室内设计中色彩多偏重于原木色，设计为满足人的舒适感为第一需求，并且非常安静。木质、竹质、纸质的天然绿色建材被应用于房间中，几件方正规矩的家居显出设计师宁静致远的心态，形成朴素的自然风格。

天然材质是日式装修中最具特点的部分：散发着稻草香味的内部色调，营造出朦胧氛围的半透明樟子纸，贯穿在整个房间的设计布局中。清新自然、简洁淡雅的独特品味，形成了独特的风格，对于生活在都市森林中的现代人来说，日式家居环境所营造的闲适写意、悠然自得的生活境界，也许就是人类所追求的。

酒店更多的照顾到现代人衣食起居习惯，选用了现代都市的装修风格。而有别于千篇一律的酒店，东急赤坂卓越大酒店专为女性准备了房间，装潢及陈设特为女性设计。墙壁上点缀着女性喜爱的高跟鞋、链子包、花朵等造型，仿佛是你逛街一天的战利品。正如任何一家日本酒店一样，客房很干净。您可以在舒适客房内

坐受按摩座椅。东急酒店集团属下的所有酒店都配备了泰普尔枕，另外还备有聚氨基甲酸酯和荞麦麸填充的两种枕头可供选择。

空间：都市型新日式空间的营造

正如日本文化崇尚婉约而含蓄的设计格调，酒店不凹造型，无华丽的外表，也不选用夺目的镭射灯光，有的是经久耐看的外表和便捷的居住效果。东急赤坂卓越大酒店是一座设计精练，具有现代风格的高雅酒店。

日本是个寸土寸金的地方，设计师往往在节省空间上绞尽脑汁。简约而现代的室内设计，欢快热闹的大厅里，办理各种手续的人井然有序。讲究空间的流动与分隔，往往通过一张茶几就可以分隔成几个功能空间，空间中总能让人静静地思考，禅意无穷。大堂充分发挥传统日式设计将自然界的材质大量运用于装饰的特点，不推崇豪华奢侈、金碧辉煌，以淡雅节制、深邃禅意为境界，重视实际功能。

与大自然融为一体，借用外在自然景色，为室内带来无限生机，选用材料上也特别注重自然质感，以便与大自然亲切交流，其乐融融。以一方庭院山水，而容千山万水景象。软装设计

的精心和细致也培养了设计者的敏感和多情，有太多的细腻的场景片断，把墨绿的枝叶绘在墙角，聚散有致，在大堂里插一盆小花，分外精致。这种细微而注重细节，达到艺术近极致的程度，这种对自然的提炼，使自然景观的精心设计产生了深远的意味。

赤坂方角餐厅包括沙龙角和阳台角，是极具代表性的日式餐厅。为了提升餐厅的气氛，融入不同文化氛围。设计加入日本茶艺文化元素，深沉复古的格调多了几分神秘感。餐厅主题继承了和食餐厅的设计理念，追求朴素、安静和舒适的空间气氛。

简洁、淡雅，线条清晰，客房的布置带给人以优雅、清洁的感觉，并且有较强的几何立体感。日式家具装饰风格结合了西洋家具合理的设计、完善的形制，使得该酒店的客房更符合人体工学。双重结构是设计师在设计东急赤坂卓越大酒店时的精明选择。客厅等对外部分是使用沙发、椅子等现代家具的洋室，卧室等对内部分则是使用灰砂墙、杉板、糊纸格子拉门等传统家具的和室，没有榻榻米，有西式的先进淋浴设备。"和洋并用"的生活方式似乎更为绝大多数人所接受，同时也能够争取到更多的客源。

在社会、经济与环境激烈变革的今天，日本的设计一直坚守自己的企业理念和基本价值观。设计的目标不仅仅是创造建筑环境，更重要的是为住客创造更高的价值。

百樂酒店集團
PARK HOTEL GROUP

———— 品牌介绍 ————

商务酒店大量涌现，同质化竞争成为不可避免的问题，每一间酒店都需要其独特个性。本着以爱和热情传递非凡服务的精神，百乐酒店集团于1961年成立至今，是亚太地区最佳酒店集团之一。集团旗下酒店品牌包括顶级奢华的君乐酒店和高端的百乐酒店，在区域主要门户城市拥有客房总数超过3300间。

百乐酒店集团持续成功的关键在于坚持提供"贴心服务"的理念。"爱的发现 心的体验"，真正的款待源自充满关爱和热情的服务。为此，酒店的标志采用豪华黑与堂皇金，酒店热情和真诚的服务文化通过富有感染力的员工表达出来。

在新加坡君乐酒店，格调拥有了全新的定义。坐拥新加坡顶级购物娱乐区的核心位置，从时髦的大厅内饰到客房和套房，再到配备泳池的大都会天际酒吧，格调大师的杰作比比皆是，无处不洋溢着时尚气息。新加坡百乐海景酒店建筑风格古典，设计灵感来自于新加坡殖民历史，是市中心的热带度假胜地。西安君乐城堡酒店整体外观大气磅礴，令人遥想富丽堂皇的古代宫殿。酒店正对古城墙的南门——永宁门，古城墙最雄伟地段的壮丽景色均可尽收眼底。

酒店地址／中国陕西省西安市环城南路西段12号
连锁品牌／Grand Park
客房数量／298间
楼层总数／16层
配套设施／健身中心、商务中心、
会议室、宴会厅、餐厅、酒吧、停车场

Grand Park Xi'an

西安君乐城堡酒店

位置：西安

酒店的黄金地点位置，面向古老城墙的南门。在此，宾客们可以领略到古城墙历史最悠久最壮观的面貌。交通便利，从西安咸阳国际机场驱车大约40分钟即可到达酒店。

主题：梦回千年的穿越之程

从西安君乐城堡酒店步行约5分钟，即可目睹西安所有城墙门中历史最悠久，最壮观的古城墙南门广场（永宁门）。酒店古韵古香的外形建筑与明城墙遥相呼应，宽敞明亮的天井式大堂，充分体现了古都的壮丽和谐之美。酒店集舒适奢华的现代感与历史悠久的城市文化于一体。

酒店的外观犹如富丽堂皇的古代宫殿，体现了当地环境的精髓所在。内部装饰则全部设计精致时尚，皆为迎合要求讲究的商务及旅游人士而悉心打造。

酒店拥有包括40间套房在内的精致客房。房间整体设计将现代的舒适感与传统的中国元素相糅合。窗外风景如画，古朴优雅的明城墙隔窗可望。部分套房带有独立的厨房设施。位于酒店顶层的晶尚会，不仅能够让房客一览古城南门悠扬壮阔的全景，同时亦随时为您提供贴心舒适的个性化服务。

空间：糅合古今中国元素，演绎中国风

在晶尚会楼层，您将独享贵宾般的待遇、并体验现代化的舒适。晶尚会楼层位于酒店顶层，配备专设的晶尚会酒廊、商务会议室及宽带上网设施，适于商务人士享用。设施齐全的商务中心提供秘书和行政服务，能够迎合客人所有的商务需求。住客也可选择在晶尚会酒廊品尝各种美食。

酒店拥有440平方米的永宁殿宴会厅，最大能够承接480人的宴会。宴会厅可以被划分为三个不同区域分别进行使用。同时，多个多功能会议室可承接由15人到240人不等的会议，拥有高科技的音响视听设备，为各种类型的活动提供不同的选择。

雅庭西餐厅风格独特，为您提供全天候的餐饮服务，开放式厨房为您现场烹饪，真切、美味、其乐无穷。融合了时尚元素和传统风格的，为您提供精致的广东和地方特色美食。装饰精美的包间，为您的私人及商务宴请提供了绝佳的场所。

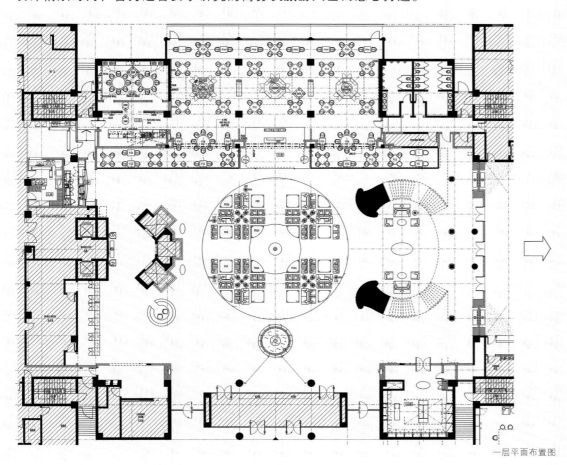

一层平面布置图

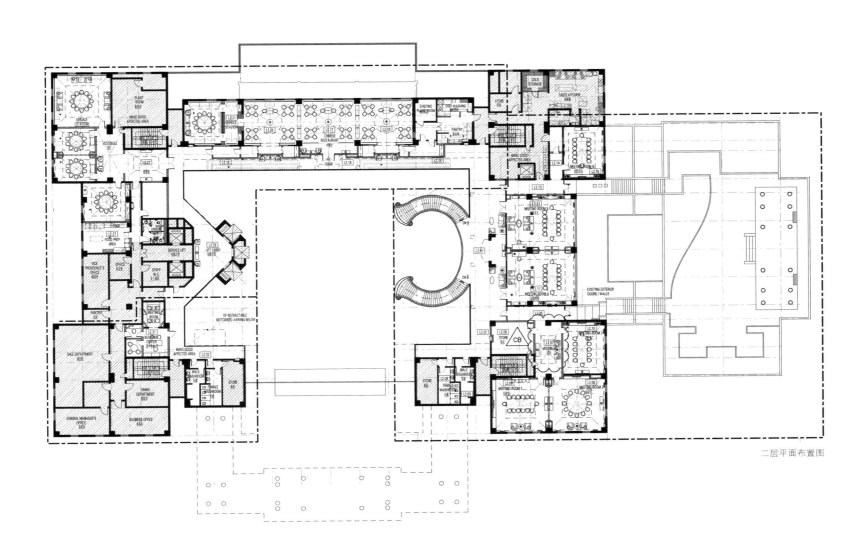

二层平面布置图

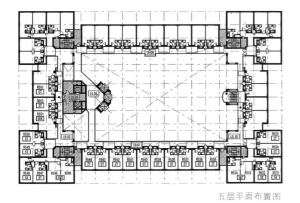

五层平面布置图

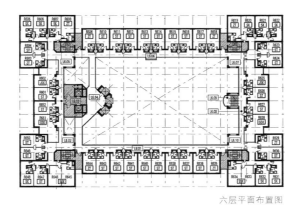

六层平面布置图

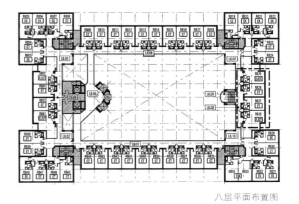

八层平面布置图

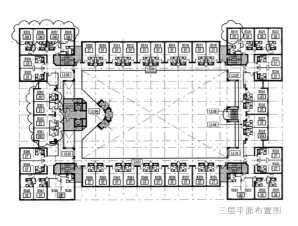

三层平面布置图

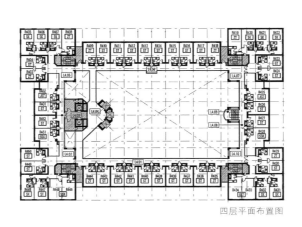

四层平面布置图

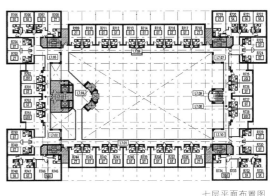

七层平面布置图

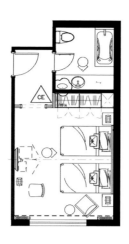
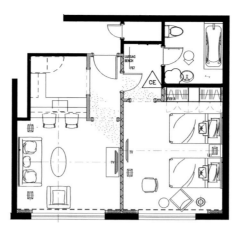

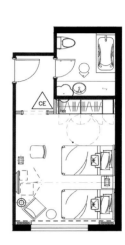

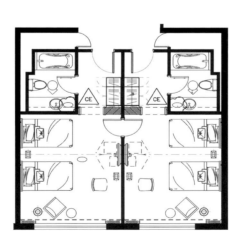
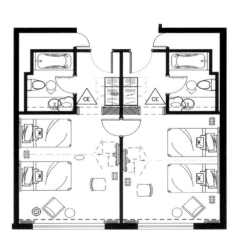

客房平面布置图

酒店地址 / 270 Orchard Road Singapore 238857

连锁品牌 / Park Hotel

客房数量 / 308间

配套设施 / 毗邻购物商场、多种模式客房、
餐厅、多功能厅、SPA、室外游泳池、酒吧、
小型会议室兼私人宴会场地

Grand Park Orchard Singapore

新加坡君乐酒店

位置：新加坡

在新加坡君乐酒店，格调拥有了全新的定义。作为百乐集团的旗舰酒店，外墙铺设鱼脊形玻璃，卓尔不群，而堪称是亚洲最大的多媒体墙也同样令人惊讶。新加坡君乐酒店位于乌节路，坐拥新加坡顶级购物娱乐区的核心位置，是名副其实的新加坡最时尚酒店。从时尚的大厅内饰，再到配备泳池的大都会天际酒吧，格调大师的杰作比比皆是，无处不洋溢着时尚气息。

主题：松懈身心的绝佳去处

百乐酒店集团推出全新的购物概念。购物中心与新加坡君乐酒店设在同一建筑物内。占有四层的大型购物中心Knightsbridge以开阔的布局和概念、个性化街面商铺与双倍的入口，吸引着品牌和购买者。

全天候式美食餐厅Open House以其时尚而极具活力的设计和开放式概念的餐饮服务带给宾客们无与伦比的感受。

Bar Canary位于四楼室外游泳池边。白天可观赏到令人眼花缭乱的乌节路景色。满天繁星之时，则可以到户外的甲板上，在沙发上促膝谈心。舒缓身心的Spa Park Asia则位于酒店四楼。

Onyx Bar正是以现代时尚方式松懈身心的绝佳去处。特色编玛瑙墙上闪现亮点，引人注目，而独特采光下的内部舒适空间给宾客们提供了老友相聚或结识新交的场合。

酒店的专用多功能厅配以最先进的高科技设备，可以容纳高达150人，并且可以轻松变换为举行小型会议或私人宴会的场地。选择绝妙

的室外游泳池甲板或是时尚的香槟酒吧作为您消遣的最佳场景，伴随落日余晖之时，这是为您举行私人活动，或是鸡尾酒会的最佳场所。

空间：经典客房，总有一款适合你

浓郁的色彩、宽敞的空间、温和的灯光、时尚家居，新加坡君乐酒店拥有308间客房和套房。客房与套房均采用柔和的暖色为基调并搭配极具美感的设计元素，既营造出奢华的感觉，又散发着温馨的居家情怀。

酒店时尚的豪华客房拥有28平方米的面积，极富现代设计风格的崭新装潢展现了实用性与高雅气息。在高级皮革休闲椅上悠躺休息，欣赏墙上美丽的壁画。每一间客房都设有一间结合淋浴间和浴缸的大理石浴室。

面积29至32平方米的首选客房大胆运用土色系的颜色，与黑木及皮革家具相得益彰，使客房气氛增添现代感。

拥有28平方米面积的晶尚会豪华客房展示了现代风格与经典舒适的完美结合。墙上美丽的壁画、低调的金色装潢与黑木家具，客房内精心布置的缜密装饰，而且每一间客房都设有一间结合淋浴间和浴缸的大理石铺就浴室。

拥有29至32平方米面积的晶尚会首选客房内，生活与工作区被明确的划分开。位于顶层的每间客房内均有落地玻璃窗，宽敞，而且光线充足，让宾客观赏乌节路无与伦比的绚丽街景。

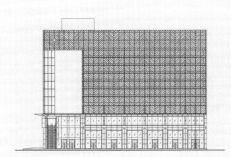
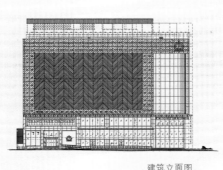

建筑立面图

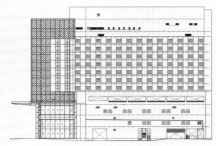
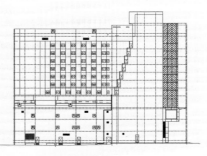

建筑剖面图

君乐套房是奢华与舒适的两全其美之选。位于酒店顶层，君乐套房拥有奢华的47至57平方米面积，提供了独立而宽敞的客厅，并且配备一个宽大的工作室，让宾客能够随意放松，或安心地办公。您也可以接待客人，而无需牺牲您卧室的私密。

极为宽敞的总统套房拥有115平方米的上乘视觉空间感，是奢华的最高呈现。室内深棕色、自然实木和暖调装潢相得益彰，尽显清新优雅。位于酒店顶层，套房中还包括一个独立式客厅、专属书房、厨房、客用洗浴室，以及贮藏丰富的迷你吧。宽敞而光线充足的客厅，透过落地大窗让您一览新加坡黄金购物区的风采。应有尽有的精致设施与配备包括Herman Miller工作站与工作椅、40寸Bang & Olufsen的大屏幕液晶电视等。

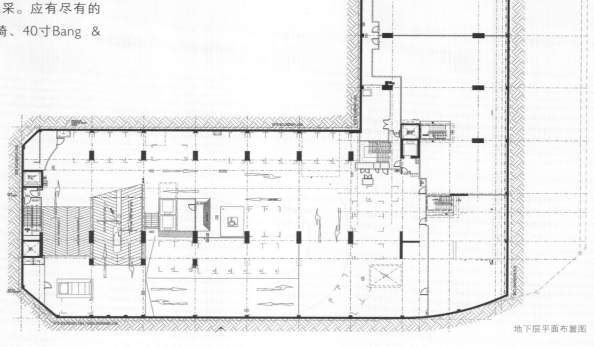

地下层平面布置图

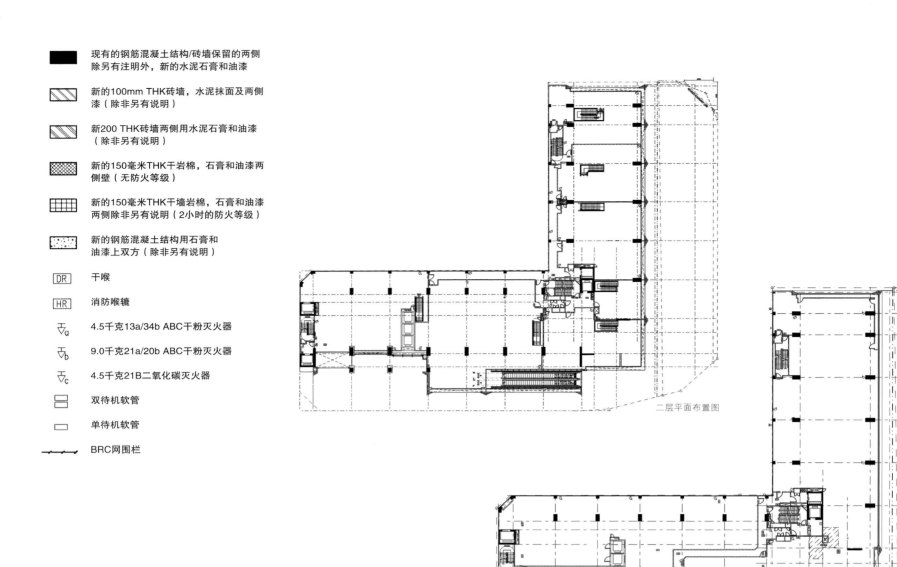

现有的钢筋混凝土结构/砖墙保留的两侧
除另有注明外，新的水泥石膏和油漆

新的100mm THK砖墙，水泥抹面及两侧
漆（除非另有说明）

新200 THK砖墙两侧用水泥石膏和油漆
（除非另有说明）

新的150毫米THK干岩棉，石膏和油漆两
侧壁（无防火等级）

新的150毫米THK干墙岩棉，石膏和油漆
两侧除另有说明（2小时的防火等级）

新的钢筋混凝土结构用石膏和
油漆上双方（除非另有说明）

DR 干喉

HR 消防喉辘

4.5千克13a/34b ABC干粉灭火器

9.0千克21a/20b ABC干粉灭火器

4.5千克21B二氧化碳灭火器

双待机软管

单待机软管

BRC网围栏

二层平面布置图

三层平面布置图

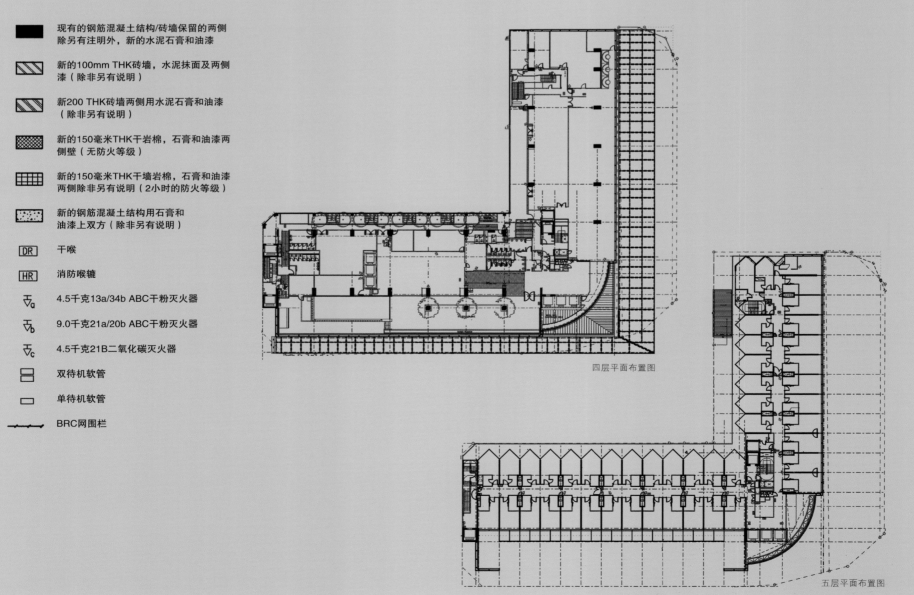

■	现有的钢筋混凝土结构/砖墙保留的两侧 除另有注明外，新的水泥石膏和油漆
▨	新的100mm THK砖墙，水泥抹面及两侧 漆（除非另有说明）
▨	新200 THK砖墙两侧用水泥石膏和油漆 （除非另有说明）
▨	新的150毫米THK干岩棉，石膏和油漆两 侧壁（无防火等级）
▦	新的150毫米THK干墙岩棉，石膏和油漆 两侧除另有说明（2小时的防火等级）
▨	新的钢筋混凝土结构用石膏和 油漆上双方（除非另有说明）
DR	干喉
HR	消防喉辘
▽a	4.5千克13a/34b ABC干粉灭火器
▽b	9.0千克21a/20b ABC干粉灭火器
▽c	4.5千克21B二氧化碳灭火器
▭	双待机软管
▭	单待机软管
⟶	BRC网围栏

四层平面布置图

五层平面布置图

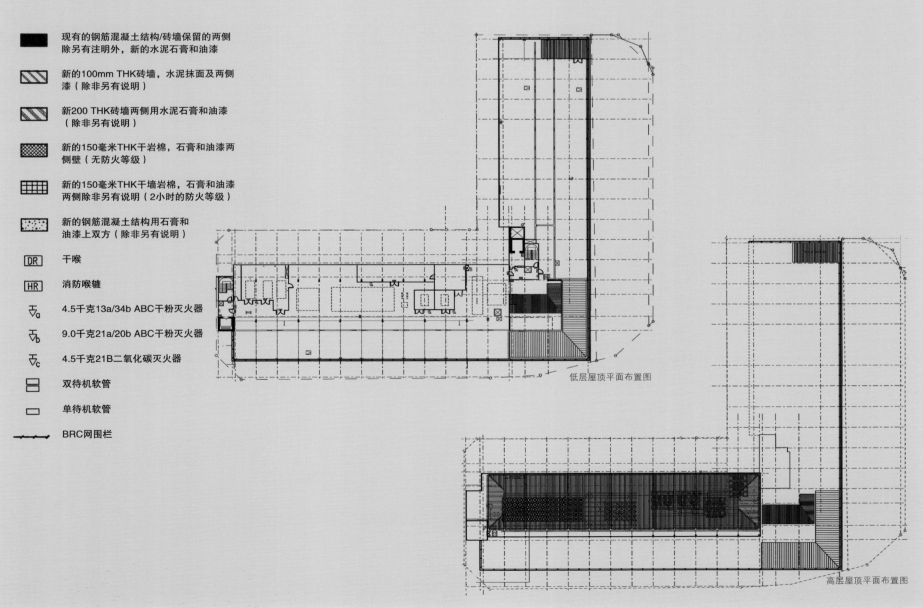

现有的钢筋混凝土结构/砖墙保留的两侧除有另注明外，新的水泥石膏和油漆

新的100mm THK砖墙，水泥抹面及两侧漆（除非另有说明）

新200 THK砖墙两侧用水泥石膏和油漆（除非另有说明）

新的150毫米THK干岩棉，石膏和油漆两侧壁（无防火等级）

新的150毫米THK干墙岩棉，石膏和油漆两侧除非另有说明（2小时的防火等级）

新的钢筋混凝土结构用石膏和油漆上双方（除非另有说明）

DR 干喉

HR 消防喉辘

4.5千克13a/34b ABC干粉灭火器

9.0千克21a/20b ABC干粉灭火器

4.5千克21B二氧化碳灭火器

双待机软管

单待机软管

BRC网围栏

低层屋顶平面布置图

高层屋顶平面布置图

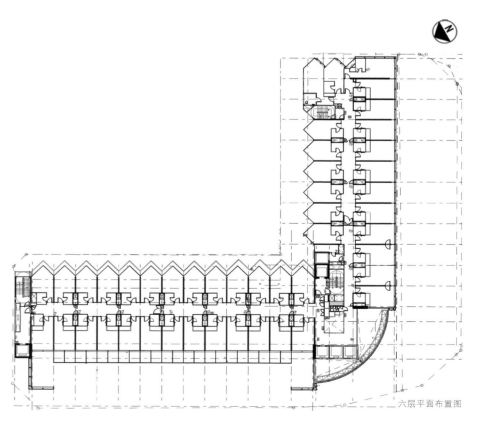

六层平面布置图

酒店地址 / 1 Unity Street Singapore 237983

连锁品牌 / Park Hotel

客房数量 / 336间

楼层总数 / 10层

配套设施 / 客房、套房、室外泳池、露天平台、酒吧、水疗馆

Park Hotel Clarke Quay Singapore

新加坡百乐海景酒店

位置：新加坡

雄伟壮丽的新加坡百乐海景酒店矗立在新加坡河河口附近，即在150多年前新加坡奠下现代城市发展的基石之处。同时，酒店坐落于最受新加坡人喜爱的娱乐区域之一——克拉码头。

拥有星罗棋布的餐厅、酒吧、娱乐场所及零售商店的克拉码头必是众多人们聚会狂欢的好地方。每当夜幕降临之时，在灯光的照射下，紧邻河边的酒店便会呈现出独具一格的轮廓，其红砖砌成的顶部塔尖以及大型飞檐令人炫目。您可想象往昔满载货物的小贩船在新加坡河这一商业贸易的动脉上，穿梭在繁忙的水道中曲折前行。

酒店闹中取静。绕着酒店所在的街区悠闲地逛一逛，您可发现布满罗敏申码头及穆罕默德苏丹路的许多时尚新颖的室外餐厅。穿上舒适的步行鞋探索这座城市，您会发现瑰丽多姿的牛车水近在咫尺。

想彻彻底底的血拼一番，只需几分钟的路程就可到达新加坡首屈一指的购物地带——乌节路或新设市区滨海湾。若想在都市丛林中休息片刻，可到附近的福康宁公园，这片沉浸在历史中的宁静绿洲。

主题：都会桃源，品味高尚

新加坡百乐海景酒店古雅的建筑不但拥有品味高尚而创意超凡的室内设计风格，而且336间客房及套房都拥览城中天际线与新加坡河上景观，是名副其实的都会桃源。酒店还设有25米长的室外泳池和毗连的按摩浴缸、壮观的露天平台和酒吧，以及海滨小屋式水疗馆，无不彰显出这一处理想度假之地的完美。酒店如诗如画的花园和泳池甲板周围一次可容纳高达70人。Brizo Restaurant & Bar在舒缓的氛围中提供全天餐饮服务。Cocobolo Poolside Bar + Grill露天烧烤餐厅提供了休闲舒适的泳池边用餐环境。

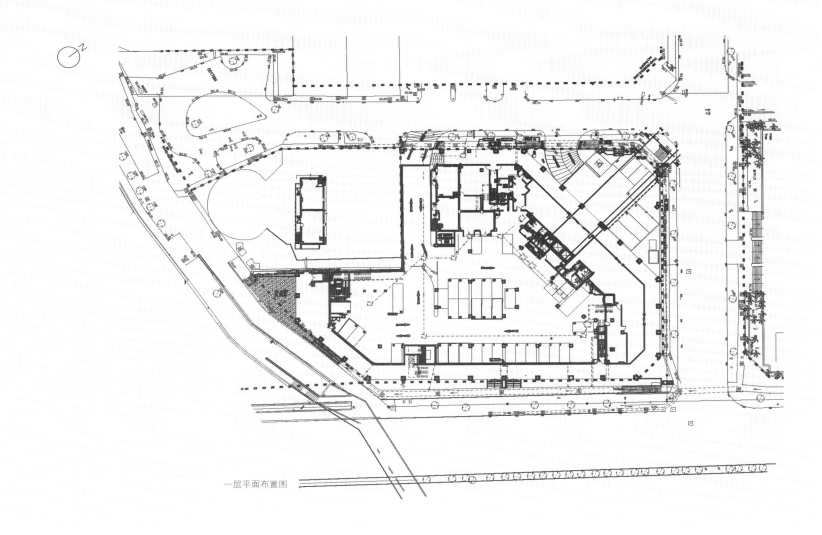

一层平面布置图

365

可一次容纳高达60人的最大宴会厅采用珍珠母贝色调的优雅布景，热带园景般的池景带给宾客都会桃源般的奢华体验，这无疑是您举行优雅迷人的户外婚礼仪式，或温馨婚宴的理想地点。

酒店配有多功能会议室，可以根据您的需求进行改造，招待小型到中型规模不等的活动。25米宽的室外游泳池和健身房位于同一层，是您休息放松的理想选择。池边小屋营造热带风情，您可以沐浴在和煦的日光中，品尝从酒吧送来您最喜爱饮品，也能露天平台上欣赏浪漫的夕阳西下之景。

空间：大面积公共空间+小巧精致客房布局

和许多新加坡的酒店一样，百乐海景酒店大堂空间宽敞气派，客房空间却小而精致。每间客房都展示了现代巴洛克风格家具、高架天花板设计，以及宏伟的落地窗，宾客在此得以尽情一览令人眩目的新加坡河景观或引人入胜的城市风光，还可以尽情醉心于丰富色彩、宽敞空间、温和灯光以及先进设施带来的欢愉享受中。

部分有拐角的客房特别设有落地窗，将迷人的城市风光和新加坡河的景色尽收眼底。室内的红木和黑木曼妙搭配，增添了客房豪华而清新优雅的风格。全玻璃的大理石浴室和花洒淋浴设施，让您在放松沐浴的同时也能够欣赏美景，体验另一番风情。

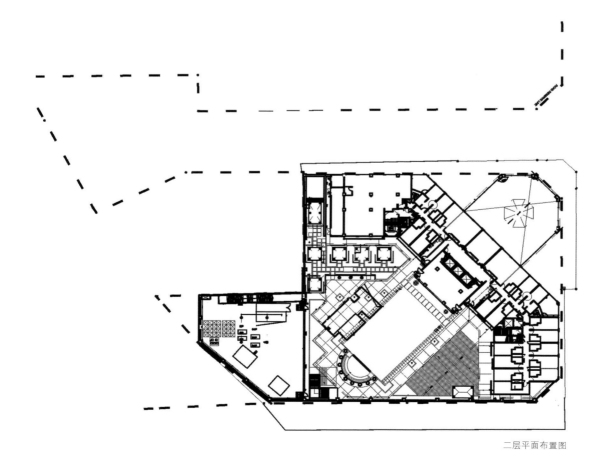

二层平面布置图

举例几种典型客房:

作为贵宾专享的晶尚会楼层,为经常出差的商务旅客打造了安心办公的环境,工作同时尽享高效便捷的欢乐时光。

24平方米的高级客房设计典雅自然,给人以一种惬意自在的感觉,为住客提供了一个温暖而又亲切的住宿环境。高级客房内设有舒适的双人床或两张单人床。透过室内宽敞明亮的落地窗就可欣赏到克拉码头或是罗伯逊码头周围多姿多彩的活动,尽情在这宁静的绿洲放松您的身体和洗涤您的心灵。

24平方米豪华客房位于较高楼层,展示了奢华精致而不失优雅的装潢设计,每间客房都特别设有高耸天花板和落地窗,大气舒适,足以让您的生活空间升级为享受质感的理想住所。窗帘遮光性很好,加上软硬适中的枕头,适合对睡眠环境挑剔的人。

作为当代风格与经典舒适的标杆,拥有24平方米面积的晶尚会豪华客房也位于酒店高层,住宅式设计的每间客房为您呈现一个如家一般舒适亲切的住宿环境。室内采用柔和的黄金和棕色与光泽漆木巧妙配合。每间客房都拥有一个功能齐全的工作站、配备花洒淋浴设施的大理石浴室。

受到新加坡独特文化和历史启发而设计的首选客房,面积26平方米,拥有更宽敞的空间,能充分体验富有艺术感的生活气息。巧妙结合现代化的生活,带给你最温馨的感觉。

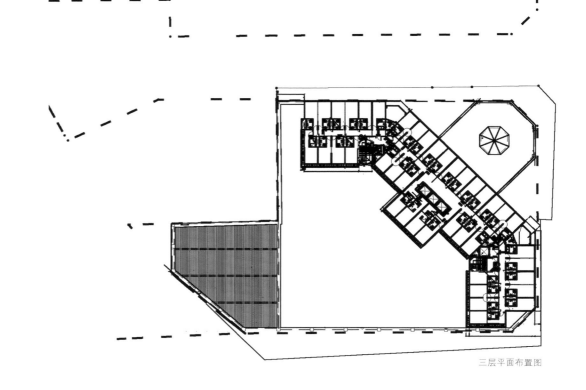

三层平面布置图

26平方米的晶尚会首选客房拥有更宽敞空间和别具一格的设计风格，它完美地结合了工作和休闲的气氛，并为住客创造了无限优雅和热情好客的难忘体验。客房为丰盈的酒红色基调，直观的设计满足了客人的商务和休闲需要。透过宽敞的落地窗，您可全方位尽情欣赏引人入胜的新加坡河和壮观的城市天际线美景。

48平方米的一居室百乐套房时尚而极具现代感。对于喜爱招待亲朋好友和追求宽敞空间的客人而言，这里无疑是最佳选择。

百乐套房则采用丰盈的酒红色为基调与深色漆木家具巧妙配合，一盏晶莹剔透的水晶吊灯，将房间点缀得华丽又不失典雅。每间套房都拥有独立的大客厅和宽敞的工作站。

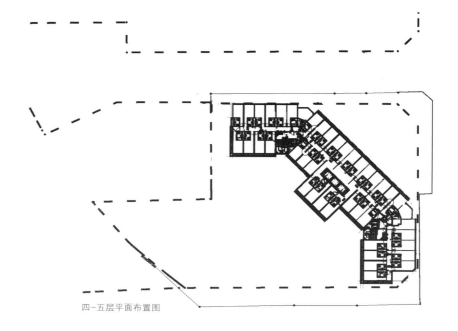

四—五层平面布置图

品牌介绍

随着中国消费能力的提升及商务出行的增长，原本中国酒店行业最受关注的两种酒店类型——经济型酒店及高端奢华型酒店已不能完全满足消费者的出行需求，中国消费者迫切希望市场提供更多高性价比、愉悦舒适的酒店供选择。同时，随着五星级酒店在中国的迅猛扩张，酒店业主逐渐变得理智，转而将眼光投向了投资回报率更理想的三至四星级配置的中档酒店物业。为了迎合市场上持续增长的商旅需求，希尔顿推出旗下屡获殊荣的高级中端品牌——Hilton Garden Inn这一个在全球范围内发展最快、扩张最迅猛的品牌，为商务旅行者提供更高性价比的服务及设施。

Hilton Garden Inn的品牌定位是一流的中等酒店品牌，旨在为商旅人士和休闲游客提供优质的专注式服务、先进的设施和适中的价位。特色是满足顾客的需求和减少他们不用的服务设施，提供高水平的服务，节约成本，而不会降低服务质量。酒店备受需求高住宿质量和合理价格的旅客们所推崇，其客户满意度在同类竞争对手中也享有崇高的地位。

酒店地址 / 912 Northton Street, For t Worth, TX, 76104, USA
连锁品牌 / Hilton Garden Inn
客房数量 / 157间
楼层总数 / 4层
配套设施 / 酒吧、餐厅、会议室、健身房、室内泳池

Hilton Garden Inn Fort Worth Medical Center

沃斯堡医疗中心希尔顿花园酒店

位置：沃斯堡

沃斯堡医疗中心希尔顿花园酒店位于美国得克萨斯州沃斯堡市，靠近西斯尔·希尔之家博物馆、沃斯堡动物园、沃斯堡植物园和沃斯堡科学历史博物等景点。酒店附近还有许多医疗中心，包括贝勒外科医院、贝勒圣徒医疗中心、库克儿童医疗中心、得克萨斯健康哈里斯卫理公会医院等，成为前来参加医学会议的商务宾客的首选酒店。

主题：古朴厚重、自然复古印第安风情

Inn，顾名思义是指乡村或公路边的旅馆或客栈。这家因周边发达的医疗设施而建的酒店楼层不高，但占地面积不少，整幢建筑呈一个规整长方体。象众多传统美式酒店那样，酒店的正门外是片空旷的停车场，可容纳数十辆车同时停放，为不少商务人士提供了便利。

玛雅人擅长建筑和艺术，他们用石料建立许多非常富丽堂皇的庙宇、陵墓和雄伟的纪念碑。在这些建筑物上，玛雅人留下了各种颜色的图画和美丽生动的雕刻。设计这家酒店的灵感来源于此。印第安人认为，红色表达善意、能力和富饶，黑色则显得最贵。而美国其他人种擅用蓝色，代表理性、优美。综合各种民族对色彩的偏好，设计师将这家酒店的主题色调定位在红、蓝与黑色，局部用了仿印第安图腾的装饰做点缀。

酒店装修选材上尽量运用自然材质，在酒店内部和外部均得以体现。酒店外立面是红色和米色相间的石材贴面，厚重大方。设计师在位于酒店中间层的位置设置了朝上、下的垂直灯光，每到夜晚，暖暖的灯光映衬着红色酒店标志，显得特别有气场。

大堂同样如此，前台乍看之下像是用砖块垒成，中间以木板装饰，面板则选用黑色大理石，局部配红色实木，用料全部取自大自然，返璞归真。大堂另一侧一堵砖墙隔出了大堂吧的空间，砖墙下方还砌成了传统美国家庭常见的壁炉，顿时营造出家一般的温暖气氛。希尔顿花园酒店为频繁出行的旅行者特别定制了独具特色的设施和个性化的服务，如精心配制了可提供高质量睡眠的Garden Sleep System®优质床垫、床单和羽绒被，确保为您创造出最舒适的睡眠体验；24小时营业的希尔顿花园酒店健身中心，或在前台免费领取的健身设施；免费的24小时商务中心和在酒店各处（包括客房）的远程打印设备等。希尔顿花园酒店致力于为商务旅行者提供他们的核心需求：优质的睡眠体验、智能化工作、优质膳食、保持健康及善待自己。

客房布置在注重舒适度的同时透出古朴的气息。怀旧颜色的木质家具，搭配蓝色与米色图案交织成的地毯，让人仿佛回到了八十年代。客房空间宽敞，符合一贯美国做派，房内床具是经过精心挑选的，床头的皮质靠背设计得很高，客人躺着靠着有助于缓解一天的劳累。作为商务酒店，超大办公桌是必不可少的，与之相配的是符合人体工程学的可在20几个部位随意调节的座椅。有些房间配有开放式浴缸，浴缸四周及地面铺设着大理石瓷砖，以和房内其它空间区隔。

酒店拥有3000平方英尺的会议空间，分割为不同大小的会议室，会议室墙壁粉刷成暗黄色，地毯、窗帘、会议桌和皮质椅子则选用较暗的蓝绿色，显得庄重严肃。会议室的椅子靠背都是小孔椅，比一般皮质的材料更加透气和轻便。酒店有一个专门的多功能厅，里面可供人们交流或者没事的时候喝一杯。多功能厅的椅子是用红色底色及花色波点组成的，有种跳跃及活泼，让整个大厅的氛围变得轻松。

酒店设有多个风格各异的餐厅。The Garden Grille & Bar餐厅设在吧台附近，提供现点现做的新鲜早餐，木质地板及橱柜，黑色大理石的餐台面板，仍将原生态自然风格贯彻到底。

宴会厅着重复古端庄的风格，圆台面桌上覆盖了浅金色丝绒台布，与深米黄色的墙壁相衬，蓝灰色座椅与窗帘保持统一色调，地毯的图案则融合了蓝灰与米黄两种颜色，一切显得协调一致。

另一间餐厅则是酒店中最气氛活跃的场所，虽然仍是采用真皮座椅，但是在椅背的设计上做足功夫，选用了蓝色、红色和黄色为主的三种不同图案，或是波点、或是条纹、或是波浪形，使整个用餐气氛欢快起来。

空间：全方位的娱乐休闲场所

为了使宾客住的舒服，更玩的愉快，酒店开辟了各种休闲娱乐空间。室内泳池也许每个酒店都有，但沃斯堡医疗中心希尔顿花园酒店的泳池更像是一个小型嬉水乐园，泳池形状是不规则的弧形，里面有个蘑菇形的喷泉工具，以及小海豚等充气玩偶浮在水面，即便不下水游泳，看到这些都已经会开心一笑了。室外篝火烧烤是最吸引年轻宾客的项目，酒店外面的花园边，砖石砌成的方形烧烤炉可供不少人同时享受自己动手烧烤的乐趣。如果您是位运动爱好者，可以选择在设备完善的健身房中尽情释放能量。夜晚，您还可以邀请三五好友，来到酒店内的酒吧小酌。如果您错过用餐时间，又恰巧肚子饿了不愿出门，大堂一角的小卖铺全天候提供各种饮料零食，保证能让您满意而归。

378 · 沃斯堡医疗中心希尔顿花园酒店 *Hilton Garden Inn Fort Worth Medical Center*

酒店地址 / The Squaire, Am Flughafen, Frankfur t, 60600,Germany

连锁品牌 / Hilton Garden Inn

客房数量 / 334间

楼层总数 / 11层

配套设施 / 酒吧、餐厅、会议室、健身房

室内设计 / JOI-Design

Hilton Garden Inn Frankfurt Airport

法兰克福机场希尔顿花园酒店

位置：法兰克福

法兰克福机场希尔顿花园酒店下方即是ICE火车站，可直接搭乘火车前往法兰克福市中心，路程约15分钟，火车途经许多有趣的站点。酒店与欧洲大陆第二大机场法兰克福机场通过人行天桥相连，地处Kreuz高速公路交界处并通过A3和A5高速公路链接，同时也与机场入口毗邻。酒店距商业银行竞技场、法兰克福展览会场和汉莎航空培训中心都很近，十分适合商务出行的宾客入住。

法兰克福机场希尔顿花园酒店是欧洲开设的第21家酒店，其规模在全世界希尔顿花园酒店中位居第二。

主题：现代风格要用好"对比"和"统一"

法兰克福机场希尔顿花园酒店作为法兰克福机场充满未来气息的地标性建筑The Squaire一部分，由一幢U型大楼组成，宽大的酒店招牌显得格外抢眼。The Squaire拥有一家极其现代的商务中心以及一系列餐厅和商店，使之吸引人潮的新地标。

外墙大部分由玻璃幕墙材质组成。考虑到法兰克福这座城市冬季比较潮湿、夏季炎热的气候特点，设计师非常贴心的在高处又添加了玻璃棚顶，这样不但统一了酒店外观的风格，还可以在阳光强烈的时候抵挡阳光，又能够在下雨天避免客人被淋湿。这种玻璃外墙的设计散发出很浓的现代化气息，更符合了法兰克福这座工业城市的整体感觉。

再看看客房。这是客人最需要放松的地方，三张装饰画会首先吸引你的眼球。这三幅画选择的色彩并不鲜艳，但却跟窗帘有着统一的色调，这种淡雅的灰绿色会让人倍感舒适。卫生间的条纹马赛克墙与卧室中的条纹地毯相互呼应，这是设计师所需要的整体感。特别值得注意的是，卫生间的镜子上镶嵌了环形节能灯，这样的细节可谓是独具匠心。进入行政套房，这种整体感更为明显，办公区中的布艺沙发与窗帘的图案保持一致，而地毯上面的条纹则呼应整个木

质墙面的横纹。横纹、方块，这种规规矩矩的设计，因为色彩的变幻和设计风格的统一性而有韵味。德国设计就是这样简约而实用，这符合德国人以不变应万变的风格。

欢快的红色靠椅，整块的落地玻璃窗，德国人的会议室显然没有那么乏味。严谨的德国人也特别细致，在会议室的一面墙上打造出一个功能灵活的微型茶歇区，可以尽情利用，摆上一块黑板、又或者放上一部咖啡机几盘甜点和水果。

"排排坐、吃果果"这句中国俗语可以准确形容这家酒店的餐厅。所有餐桌餐椅采用的都是木制原色，在这时候隔断和用色的作用就突显出来。彩色隔断使在这里就餐的客人增加了一份愉悦感，你可以选择隔断里相对私密的空间，也可以挑选靠窗的位置边用餐边欣赏外面的景色。享用早餐的地方让人食欲大增，厨师现做的场景让人垂涎欲滴，还有象征着最著名的德国啤酒的原料麦穗做为餐厅进行点缀，一排排的自选区，摆放着各式各样的水果和新鲜出炉的面包，这些食物本身就是餐厅最好的装饰。

空间：严谨中略带灵动的方形空间

走进酒店大堂，你可能会不禁的莞尔一笑，大堂里除了圆形落地灯外，无论是家具、装饰还是墙体设计都呈规则的长方形，德国人那种规矩、严谨的风格浸染了整个大堂。但就是众多长方形设计所组成的大堂视觉上却很有立体感，很重要一部分原因在于用色。

酒店内自然色调的运用为宾客提供了舒适放松的氛围，接待处金色天花板以及整体的现代特色，形成现代、时尚并别具一格的环境。大堂中心位置是一个绿色灯箱，灯箱里面展示的是酒店的模型，这一方面展示了酒店的形象，另一方面也为入住酒店的客人指明了位置和方向，比起普通的酒店平面指示图会生动很多。灯箱周围摆放着各种颜色和大小不同的沙发，中间和两边沙发采用了原木色，用

色非常克制，但穿插其中的双人沙发则大胆采用了红色，这种强烈的色彩对比突显了层次感。

酒店部分客房因为整体建筑设计的需要，天花板成略带弧度的拱形，严谨的德国人并没有试图弥补这个不规整的设计，反而将此保留了下来，这让人很容易联想到机场航站楼的苍穹形顶棚，也恰恰巧妙地呼应了机场酒店的主题。

酒店也为宾客提供酒吧和餐厅服务，餐厅配备开放式厨房，提供自助餐及各类烤肉，并可饱览陶努斯山（the Taunus mountain）的美妙风光。酒店配有3间自然光良好的现代会议室，可容纳28名宾客。

酒店地址 / 2005 N Highland Avenue, Hollywood, CA,USA
连锁品牌 / Hilton Garden Inn
客房数量 / 160间
楼层总数 / 6层
配套设施 / 餐厅、酒吧、会议室、
室外泳池、露台、健身房

Hilton Garden Inn Los Angeles-Hollywood

洛杉矶好莱坞希尔顿花园酒店

位置：洛杉矶

洛杉矶好莱坞希尔顿花园酒店位于美国加利福尼亚州洛杉矶市，地处好莱坞中心地带，与好莱坞星光大道、柯达影院、中国剧院、环球影城和蜡像博物馆等都近在咫尺。作为家居型酒店，它是商务和休闲旅客的理想住宿地点。

主题：专为儿童设计的好莱坞梦幻风格

好莱坞风格是装饰艺术运动在美国的延伸与发展。1929至1933年席卷欧美的经济危机使市场崩溃，成千上万的人失业，社会动荡不安，而电影成为人们心灵的安慰剂，电影院被称为"梦的天堂"，进而刺激了电影院的设计发展。好莱坞的电影院设计都具有大胆的想象成分在内，运用富于幻想的色彩设计及各种装饰动机，形式夸张。洛杉矶好莱坞希尔顿花园酒店的设计灵感正源于此。它豪华、壮丽、幽默、轻松，显示了美国通俗文化的力量。

如果想带孩子游览迪斯尼或了解美国电影的历史发展，入住这家位于好莱坞的希尔顿迪斯尼酒店是不错的选择。由灰白色和枣红色组成的酒店外墙，墙外是一片藤蔓植物，也许是刚刚种植，搭好的钢架还没有被完全缠绕。而酒店入口是通过一条幽静的小路延伸进来的，沿路种植了很多热带植物。考虑到这家酒店的客人中有不少是未成年人，设计师在道路指引方面最大程度的实现人车分流，确保儿童入住和出行的安全。

进入大堂，无论你是大人还是孩子，都会立刻有种被童话世界包围的感觉。大堂内灯火通明，整个墙面采用的是出挑的橙红色。天

花板吊顶很有设计感，很大的凹陷进去的顶棚嵌入一颗巨大的吊顶灯，像是一个时光机的按钮，让大人们也一起回归童年。大堂的沙发也选择亮橙色系进行布置，搭配枚红色花纹、波点花纹的布艺座椅，总之撞色、荧光色等大行其道。大堂的地毯也很有特点，采用了与墙面和家居摆设同一色系的设计，而地毯上面的轮廓图案煞是像极了好莱坞的地图，图案反映出设计师明显的对古埃及、玛雅和阿兹台克文化设计特征的爱好。

门厅作为酒店通向大堂的必经之路，选用了深桃木色的木质栅栏屏风和轻快的黄色墙体。走进客房，你会发现这里也采用了带有花纹图案的地毯。而靠垫大胆采用了草绿色，更是增加了房间的明度。

其实设计师的大胆创意远远不止这些。连酒店的会议室也是挑选了黄色的高腿椅，一改普通会议室沉闷严肃的气氛。大片落地窗让阳光照射进来，人的心情立刻变得愉悦。会议室的面积相对来说不大，可以看出会议室不是作为酒店的主要功能性房间而存在的，也许小大人们会围坐在这里对某部动画片来一场激烈的讨论。

空间：一切为了孩子

在大堂，真正的前台区域则是被缩小并被放在了角落，更吸引宾客眼球的是一面巨大的液晶屏幕，非常具有好莱坞特色。屏幕除播放酒店介绍之外，还会播放一些有关好莱坞电影和迪斯尼的动画片。如此巨大的屏幕，有着家庭影院一般的效果，酒店的客人完全可以坐在这里欣赏大片，感受到设计师的别具用心。

在休息区，色彩依旧鲜明。一个L型沙发上随意放了一些靠垫，加上小圆桌、矮腿椅子，简简单单，非常适合朋友小聚或家庭活动，也许这就是所有人简单纯净的童年。

来到洛杉矶好莱坞希尔顿花园酒店的客房，你也同样可以体会到"一切为了孩子"的细节处理手法。无论是单人间还是双床房，你都会发现——床的宽度会比一般酒店更宽，这是酒店特意订制的宽度，而这种设计正是考虑到大人和孩子同睡一张床的情况会比较多。同时，为了儿童的身体健康，这家酒店所有的空调位置的设计都是贴合着地面，而没有悬挂在墙上。此外，真皮和布艺的材料不具有碰触的危险性，而圆桌则采用非常有分量却没有棱角的金属材料，即使儿童在嬉笑打闹之间也不会受伤。

—————————— 品牌介绍 ——————————

Park Inn是面向中端市场的酒店品牌，目前在欧洲、北美、中东和非洲已有超过140家酒店，酒店服务理念是一对一的服务宾客，以热情周到的态度、高品质的舒适环境给宾客绝佳的入住体验，使其成为您值得信赖的酒店。

迷你酒吧和免费洗漱用品，甚至大酒店才有的SPA、游泳池等设施，Park Inn一个都不少。麻雀虽小，五脏俱全。这里没有奢华酒店的种种气派场面所造成的做作感，相反，它把人的舒适度排在第一位。通过压缩酒店占地面积来降低运营成本，把客房价格降低的同时保证了服务品质，Park Inn最适合单身出游的旅行者，或者出差频繁而预算有限的商务人士。Park Inn品牌定位：明亮、醒目、宜人、充满朝气、有趣、友好、不繁琐。

酒店地址 / 29 Heerengracht Street, Cape Town, South Africa
连锁品牌 / Park Inn by Radisson
客房数量 / 120间
楼层总数 / 11层
配套设施 / 商务中心、会议室、餐厅、
酒吧、屋顶露台、室外游泳池、健身中心

Park Inn by Radisson Cape Town Foreshore

开普敦前滩丽柏酒店

位置：开普敦

开普敦前滩丽柏酒店坐落在绿树成荫的开普敦中心地带，距开普敦火车站仅300米，靠近开普敦国际会议中心、绿色市场广场和好望城堡，附近还有维多利亚和阿尔弗雷德滨海和南非国家美术馆。

主题：色彩明快、热情奔放的非洲风格

在多元文化影响之下的南非新崛起的创新性装饰风格融合了西方建筑风格和非洲"朴实、形式自由"的风格。设计师在酒店的使用功能、物件形式和整体视觉形象上尊重并服从品牌整体安排，局部装饰上突出非洲个性特点。

酒店采用现代风格的玻璃幕墙外立面使建筑物从不同角度呈现出不同色调，随阳光、月色、灯光的变化给人以动态的美，天气晴朗时，玻璃幕墙映衬出空明的蓝天和飘舞的白云，更为之增添了绚丽色彩。落地玻璃使白天采光极佳，节省了照明能源，绿色又环保。

进门右侧是宾客休息区，灰色、蓝色和米色的布艺沙发交叉搭配，为宾客等候入住手续提供了舒适的环境。大堂吧设在进入大堂左侧，避开了前台入住宾客的喧闹，白色整体成型的玻璃纤维椅和不规则几何形状的茶几都体现了现代极简主义的设计风格。局部地毯的纹路好似非洲草原上动物皮毛图案，在少许室内植株的掩映下让人联想到长颈鹿、猎豹等动物的身影。动物也成为非洲的意识形态和民间传说中的主要组成部分：狮、长颈鹿、斑马和羚羊等成为非洲艺术中的不变的元素，这些动物使非洲的艺术愈加丰富多彩。

明快色彩的运用是开普敦前滩丽柏酒店装潢设计的一大亮点，通过红、黄、蓝、绿这四种鲜明的色彩将酒店充满活力、热诚服务的形象传递给往来的宾客，同时也展现了南非热情洋溢的民族风。客房大面积的运用蓝色，深蓝色柔软的地毯，深蓝色的床单头尾点缀着红、黄、蓝、绿相间的花纹，正对床的墙面也被粉刷成深蓝色，营造出静谧的气氛帮助您安然入睡。为了打破深色调过多带来的沉闷，设计师选用了橙色的茶几、座椅、梳妆镜外框，为房间增添了一抹亮色。

非洲家具比较善于采用粗大的整块木料，庞大的体积显得简洁而有力，体现出稳定而威严的气势。就地取材造出的非洲家具处处都有木雕艺术的神韵，造型上充满重量感和稳定感，而且使用的木料往往故意保留原始的疤结、残边和裂缝，在着色前都经过了风化处理，让原始木材表面的筋络凸显，那种朴实无华的美感回味无穷。它所透出的自信和大气，与现代家具是相辅相成的。

屋顶酒吧是酒店的点睛之笔——顶层餐厅的户外延续。南非炎热的气候特点迫使人们白天在室内度过，因此每到夜晚人们喜爱到室外乘凉。走进这里，便能感受到热情奔放的南非气息，遮阳伞、沙发、靠垫、餐牌一律选择了红色，所带来的视觉冲击感将激发您全身的活力。这里到处都可以看到熟铁制品，比如雨棚、桌子和扶手。餐厅里，红、黄、蓝、绿四色的茶杯和餐具与酒店主题色彩相呼应，让您用餐的心情也随之雀跃。

空间：空间的无限延续感

酒店充分利用屋顶空间，为此开设的屋顶酒吧可以让你呼吸到高密度城市高空难得的清新空气，和商业街的拥挤和喧闹隔绝开来，此一刻或彼一刻的悠然怡悦是最为宝贵的"正能量"。屋顶的一头是一个十几平方米的水池，喷泉顺着玻璃幕墙从一侧的池壁潺潺流下，洋溢着灵动的美感，水池与酒吧相接的那侧池壁则选择了加厚防爆透明玻璃，躺在池边的沙滩椅上，恍若有置身池中的感觉。阳光洒落，以黑色松木为桌面、吧台及围在桌子四周的坐椅，与热情绚烂的红色沙发、橘色的灯光相互映衬烘托，浪漫而又温馨。低矮的围墙或许是借鉴传统南非建筑风格之一的山墙式样建筑特色，在保证安全的同时又丝毫没有遮挡住宾客的视线，放眼远眺，一边是开普敦城区的繁华，一边是群山环绕，虽然身处在百来平方的屋顶露台，却感觉空间被无限拓展延续。

酒店地址 / Golf Plaza, Yas Island, Abu Dhabi, 93725
连锁品牌 / Park Inn by Radisson
客房数量 / 397间
楼层总数 / 8层
配套设施 / 餐厅、酒吧、健身中心、SPA中心、
旋涡按摩浴池、按摩室、网球场、高尔夫球场、室外泳池

Park Inn by Radisson Abu Dhabi Yas Island

阿布扎比亚斯岛雷迪森公园客栈

位置：阿布扎比

阿布扎比亚斯岛雷迪森公园客栈位于阳光普照的阿拉伯海湾，阿拉伯联合酋长国阿布扎比Yas岛附近的海滩上。酒店毗邻众多独一无二的景点，包括高尔夫球和新方程式赛道。距离新的法拉利世界主题游乐园不到3公里，距离Abu   Dhabi国际机场仅有7分钟的车程，附近还有谢赫扎耶德大清真寺和谢赫扎耶德体育场等著名建筑。海滩优越的地理位置不可多得。

主题：阿拉伯风情的奢华度假胜地

远眺阿布扎比亚斯岛雷迪森公园客栈，如同一艘在阿拉伯湾停泊的豪华游轮，给人极尽奢华之感。尤其在夜晚灯光的照耀下，外立面泛出铂金般的光泽更是增添了酒店的贵气。

酒店大堂整体以大理石材质装饰，光洁的大理石地面、厚重的大理石前台和石材贴面的墙壁，处处体现出酒店的品质。楼层公共走道中，橙色与黄色交错搭配的墙壁大胆前卫，给您带来一种非现实感，仿佛步入时光隧道。

融合传统文化和现代化舒适，酒店客房布置优雅，每间房都拥有独立阳台，凭海临风很是惬意。您可以在阳台上欣赏到海湾、高尔夫球场和亚斯码头的壮丽景色。设计师充分运用当地特产，每间房间精心挑选的不同图案的阿拉伯风情地毯，让您由衷感叹波斯地毯不愧闻名世界。床上薄毯的图案蕴含着阿拉伯元素，与地毯相呼应，床上配有Select   Comfort床垫、羽绒被、绒毛毯等高档床上用品，让您舒适地进入梦乡。

酒店认识到，人们不再喜欢繁复纷杂的传统阿拉伯装饰。并且作为国际连锁品牌，在视觉系统上必须统一中求变化，因此软装设计师采用了折中办法，将阿拉伯元素透过现代载体来体现。譬如，墙上看似简洁的抽象油画表达的却是阿拉伯元素。

酒店拥有集意大利当代酒吧和餐馆为一体的Filini饭店，世界风味的精美自助餐Assymetri饭店，休闲酒吧Shams Pool Bar和Fast Track Lobby Bar，以及SPA馆和独特的健身中心。其中一间餐厅极具中东风情。天花板上垂下盏盏灯光，就像盏盏阿拉伯神灯，让人仿佛置身于星空下浩瀚沙漠中的阿拉伯帐篷里，在享用美食的同时身心得以最大放松。墙壁被刷成暖暖红色，局部装饰则以手工编织的彩条纹布艺见长。阿拉伯风格是从在小亚细亚工作的希腊化时期手工艺人的作品演变出来的，高度形式化。这些图案由树枝和树叶交织或弯曲成卷轴形，或由仿照自然结构中华美的线条组成。

空间：沙漠中的绿洲

沙漠国家对环境绿化尤为重视，这点在酒店设计上足以体现。在室内，客房、餐厅、会议室的桌上都摆放着精致的玻璃花瓶，插有怒放的鲜花，茂盛的绿色盆栽花木点缀着大堂、餐厅等公共区域，在室外，泳池和网球场周围都种上了高高的棕榈树，各区域间的隔离带铺上了整齐的草坪，充满了生机活力。

除了用各种绿化营造环境，在室内设计方面酒店也将绿色用到了极致，前台空间用深浅不一的绿色帆布帘做成了简单的吊顶，餐厅的墙面被绘上了抽象的浅绿色棕榈树叶图案，座椅配上了浅绿色的坐垫，还定制了相同色调的餐具，就连服务生的围裙也选用了浅绿色。这一切让阿布扎比亚斯岛雷迪森公园客栈酒店虽地处广袤沙漠覆盖的阿布扎比，确像一块绿洲让您感到心情为之一振。

游泳池自然是度假酒店最受宾客们欢迎的场所。酒店泻湖风格的露天室外游泳池被设计成不规则的形状，打破了传统泳池或方或圆的常规，池边种植着热带风情的棕榈树，还建有大片的人造沙滩，在池畔酒吧点一杯饮料，躺在沙滩长椅上晒晒太阳，足不出户就能享受海边的乐趣。

另外，客人们可以在有泛光灯照明的网球场上打网球，小朋友们可在游乐场地玩耍。酒店的娱乐设施还包括一个带有热浴盆的水疗中心、一间蒸汽浴室和一间桑拿浴室。

酒店能为客户量身打造10—500人的各种类型的会议活动，客户可根据自己需求选择在户内或者户外举办会议，打破了现代会议举办地点的局限，解决了会议活动的多元化需求。

酒店地址 / Pobedy Sqaure 1, St. Petersburg, Russia

连锁品牌 / Park Inn by Radisson

客房数量 / 841间

楼层总数 / 7层

配套设施 / SPA中心、美发沙龙、健身房、
室内游泳池、会议室、酒吧、餐厅

Park Inn by Radisson Pulkovkaya St. Petersburg

普里巴尔蒂斯喀亚雷迪森公园旅馆

位置：圣彼得堡

普里巴尔蒂斯喀亚雷迪森公园旅馆位于俄罗斯圣彼得堡，相比其他
国家的Park Inn酒店，这家酒店显得份外端庄而持重。酒店坐落在
靠近机场的位置，而前往圣彼得堡市中心也非常便捷。酒店附近景
点有马林斯基剧院和纳尔瓦凯旋门。无论商务出行还是休闲度假，
都能在此得到满意的住宿体验。

主题：浓墨重彩的俄罗斯古典主义风情

极尽色彩的奢华之所能，将贵族宫廷的唯美与装饰韵味充分发挥。
俄罗斯奢华装饰的最重要标志就是"琐碎"，细微到有些过分的程
度才是最地道的俄罗斯风格。考虑到并非人人都喜欢这种繁琐的装
饰风格，且酒店品牌需要满足国际化的统一性，设计师只在局部运
用了俄罗斯风格的元素做点缀。

整体色彩借鉴俄罗斯民族服饰最常采用的色彩，酒店整体由黄、
蓝、红这三种饱满的颜色组成。由三种基本色调进行变换，从椅子
靠垫、会议用的茶杯、到酒吧天花板，甚至每个客房都以三种不同
颜色区分开，这使得酒店的品牌形象得到高度统一。酒店客房则以
红色窗帘，蓝色家具及摆设为主，套房成敞开式，显得舒适宽敞。

Paulaner酒吧，轻盈、华丽、精致、细腻。由于身处北国，木材资
源丰富，俄罗斯人对木材是情有独钟的，桦木的地板，实木的桌
椅，一切给人的感觉都是那么亲近温和。整体感觉简练之余还有一
丝温馨。俄罗斯风格设计多以简练的色彩和冷静的基调为主，在强
调理性冷静的同时又加入少许的出奇的创意加以配置，用《这个杀
手不太冷》这部电影来形容它的风格最适宜不过。吧台装饰造型高

会议室侧翼1平面布置图

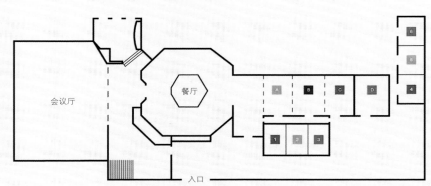

会议室侧翼2平面布置图

耸纤细，不对称，频繁地使用形态方向多变的涡券形曲线和弧线。通过并大镜面和黄铜装饰，大量运用花环、花束、弓箭及贝壳图案纹样。善用金色和象牙白，色彩明快、柔和、清淡却豪华富丽。整体造型优雅，制作工艺、结构、线条具有婉转、柔和的特点，以创造轻松、明朗、亲切的酒吧环境。

餐厅为您提供了丰盛的俄罗斯佳肴，设计也体现了俄罗斯传统特色，浅米黄色为基调的墙壁提升了整体空间细致淡雅的质感，地面与大块量体分割采用深胡桃色与黑色，与浅色墙面对比视觉效果强烈，黑胡桃木吧台和餐桌更突显质感。为了避免用色单调厚重，在餐厅天花板的设计上，设计师突破了传统取材，仅用红、蓝色的大块帆布作为装饰，略显随意地搭挂在吊顶的栏杆上，为餐厅平添了一丝柔美。

吧台全铜酿酒罐和纵横交错的管道让您现场感受啤酒酿制的奇妙，将人带入了手工作坊的复古时代。墙边大块石料砌成的欧式壁炉古朴实用，橘色跳跃的火苗在俄罗斯的寒冬温暖了四方宾客。餐厅墙上大小不一的相框拼凑成一面面照片墙，记录了宾客们在酒店的美好时光，营造出温馨大家庭的氛围。

酒店八角形的宴会厅以白色调为主，地面以白色地砖为底，用黑色、灰色地砖在厅的中心拼接处圆形图案，与上方八角形吊顶相呼应，宴会厅外侧白色柱子和铁艺栏杆将主厅空间与周围过道隔离开来。墙体则呈教堂式拱门形状，婚礼的宴会厅也布置的很有幸福感，主要以白色和红色为主

色调，白色显得简约，红色则象征爱情。酒店还会为新人准备婚房。在婚房的床上摆上心形红色玫瑰花，象征着幸福美满。

在酒店的会议区有各种不同规模的会议室，开放式及封闭式的，可以满足客人不同的会客需要。忙碌一天过后，还可以在游泳池进行有氧运动的放松休息。

空间：恢弘大气的功能区域

仅看酒店外观就能感受到俄罗斯建筑的恢弘大气，酒店前方有一大片绿地，周围绿树环绕，形成空旷的广场空间，可供酒店宾客散步、活动。每个楼层100多间客房一字排开，为了满足数百名宾客同时上下的需求，酒店在楼层中央和两端设有多个电梯和楼梯通道。

酒店大堂的地面、前台都选用大理石铺设，光洁大方，考虑到酒店客房为数众多、宾客来往频繁，直角形前台特别长，5名工作人员可同时办理多位宾客入住。八角形酒店宴会厅宽敞、典雅，每张桌子间都留有较大空隙，宴会高潮时，有足够的空间让能歌善舞的俄罗斯民族即兴起舞。

酒店的小剧场是普通酒店无法比拟的，圆形的剧场中12排座位阶梯排列，可容纳近千名观众入座。看起来有些嶙峋的不规则切面，遍布整个小剧场的墙壁和天花板，能够最大限度反射剧场内的声音，保证音响效果无死角。墙壁进行了隔音处理，保证剧场内的声响不会影响到客房内休息的宾客。半圆形的舞台能让台下每位观众都无死角地欣赏精彩的演出。

酒店地址 / Carretera Saltillo - Monterrey No. 6607 Col. Zona Industrial, Mexico

连锁品牌 / 丽柏 Park Inn

客房数量 / 111间

楼层总数 / 3层

配套设施 / 餐厅、酒吧、会议室、健身中心、行政酒廊

Park Inn Saltillo Mexico

萨尔提略墨西哥公园酒店

位置：拉莫斯阿里斯佩市

萨尔提略墨西哥公园酒店位于墨西哥拉莫斯阿里斯佩市的郊区，距工业园区不到1公里，距机场也仅10分钟车程，上高速公路也十分便捷，非常适合商务人士入住。酒店附近还有沙漠博物馆和鸟类博物馆。

主题：现代墨西哥风情

现代的墨西哥家居风格完全打破了以往材料和颜色上的束缚，回归到拉丁人热情爽朗的本性中来。金色通常与古典风格相结合，用以营造优雅而奢华的氛围。

设计师强调且表现出了传统玛雅住宅屋顶两面有坡度的尖顶茅草小屋原型，将酒店顶部设计成高耸的尖顶。如果你是晚上入住酒店，完全没有必要担心，客人从远处就可以轻松找到方向，因为一块户外广告牌使得酒店招牌醒目的矗立在酒店的不远处。酒店周围是大片的空地，精心规划以方便客人停车。

外墙采用了米色漆刷，屋顶挑选了孔雀蓝的颜色，有一种静谧的感觉。墨西哥人对色彩的热爱体现在将房子刷成自己喜欢的颜色，用色大胆，好似进入童话世界一样。

麻雀虽小五脏俱全。进入大堂，会发现这家酒店的大堂符合客栈类型的酒店设计，面积并不大但功能齐全。酒店大堂用一面依旧用蓝色背景墙装饰，搭配棕灰色布艺沙发，现代与古老的感觉相得益彰，色彩运用得恰到好处。巧妙的用一张桌子和一张沙发就把休息

区和商务区区隔开来，休息区墙面色彩与酒店屋顶、招牌的蓝色相同，而沙发则采用了棕色的布艺沙发，看上去柔软舒适，让人有想坐上去的冲动。细节之处见真章。大堂里有两处显得很特别，一个是在商务区，与众不同的是，墙面的装饰画被一面镜子取而代之了，这大概是设计师的有意为之，考虑到商务区客人的需要，往往是准备赴宴或参加商务洽谈，而大堂可以进行最后的衣着和外貌的打理。另一个是从天花板吊下来的红色吊牌，显示不同语言和指示，告知客人酒店的出口。

精英套房和女王套房可谓是酒店房间的亮点。天然木质原色，简约大方的床品，造型简洁的床头灯，突出了墨西哥的特点，洒脱、简单，追求本色。这可能也和墨西哥与玛雅文化的渊源有关，墨西哥人纯朴热情，就像这简约传统的墨西哥风格一般，简单奔放。在客房的卧室，床头的墙面颜色与大堂和酒店整体颜色相呼应，而其他墙里面则采用了最简单的白色，偏木色的地毯，用色也很朴素。精英套房中娱乐区的面积相对较大，办公区与休闲区在空间上呈对角。在电视墙的对向，设置了办公桌和办公椅，这种设置让人想起了小时候大人管孩子做作业的情景，把电视调成无声或者戴上无线耳机，然后办公区则继续专心办公，互不干涉。在客厅的另一面则设有餐桌、餐椅和一个小型台面，供客人煮咖啡或者用微波炉加热食物。

当然，如果觉得劳累或紧张，可以选择在跑步机上挥洒汗水来缓解精神上的疲惫。

408·萨尔提略墨西哥公园酒店 *Park Inn Saltillo Mexico*

空间：各取所需，节省之道

会议室在空间上的功能性区分明显。会议室的类型可以分为两种，一种类似于教室，有一个主讲人，互动性不强，这种适合培训之用；另一种互动性比较高的会议室则是采用U型桌椅排列，主讲人站在U字凹陷的地方，其他人可以随时与主讲人进行对话。这些会议室满足了不同客人对于功能上的需求。

Inn类型的酒店类似于国内的快捷型经济性酒店，这种酒店的理念就是麻雀虽小五脏俱全。来看看酒店的餐厅，面积不大，而且为了节省空间，采用的全部都是折叠椅。

更让人觉得设计师的空间利用达到了极致的地方在于，在餐厅其中的一面墙上会有两张相对较高、宽度却窄的餐桌，旁边放着跟这张桌子乍一看绝不相称的四张椅子，但是仔细琢磨会发现，设计师这样设计的原因是因为餐厅的空间有限，有些客人也许会吃方便速食的快餐，这种设计让餐厅的流转率上升，从而减少了同一时间餐厅的拥挤程度。

Park Plaza

──────── 品牌介绍 ────────

Park Plaza是一个由美国卡尔森酒店集团所管理的酒店品牌，品牌定位：自豪、宁静、美丽。

酒店大多位于城市化良好的地区并体现时尚愉悦服务。Park Plaza作为较高端的连锁酒店品牌，为商务和休闲旅客提供屡获殊荣的会议设施、潮流的设计、良好的服务和优越的用户体验，让每一位顾客都能感受到能量。个性化服务和完备的设施，健身房、美容会馆、商务中心、多功能厅等配套设施齐全，提供先进的音频及视频设备，可举办商务会议、研讨会、派对或宴会，多种功能带动了酒店的客流量，使酒店不再拘泥于住宿这个单一的功能。

酒店地址 / Melbournestraat 1, Lijnden 1175 RM, Netherlands

连锁品牌 / Park Plaza

客房数量 / 342间

楼层总数 / 8层

配套设施 / 餐厅、酒吧、会议室、健身中心、行政酒廊

Park Plaza Amsterdam Airport

阿姆斯特丹机场丽亭酒店

位置：阿姆斯特丹

阿姆斯特丹机场丽亭酒店位于荷兰阿姆斯特丹机场附近，同时也靠近A9高速公路，驱车10分钟即可抵达史基普机场和阿姆斯特丹市中心。因其地理位置的特殊性，酒店客人还可以有幸去史基普机场参观全世界第一个设在机场内的博物馆——阿姆斯特丹国立博物馆分馆。

主题：便宜材质也能营造优雅气氛

圆拱形的酒店屹立在一条河边，外形曲线饱满、丰盈。酒店在2012年面貌焕然一新，对所有公共区域的活动和会议设施进行了重新设计，使其变成了在Schiphol地区规模最大、最具现代化特征的会议型酒店。不仅如此，酒店还备有水疗健康设施、酒廊等场所，在工作之余还能畅享健康及休闲。

酒店有能力为任何规模的会议提供服务，所有会议室全部采用落地窗设计，整间屋子就像在户外一样，即便狭长的房间也不会感到局促或光线暗淡，使室内拥有充沛的自然日光。除了采光的独特优势，酒店还有人员上的配备，专业的会议支持团队将为您安排会务和活动，还可以帮助您安排分会场，以及会间或会后的行政酒廊茶歇。色彩选用深灰、洁白、温暖的木色等无色系为主色；看起来深沉、清澈、自然。

除了会议室，行政酒廊也是商务人士们的好去处。现代又舒适的酒廊中心设有一个壁炉，以此为中心排布着各式高矮不同的桌椅。吊灯采用了荷兰最著名的郁金香的颜色——橙色，在以橙色系为主的灯饰摆布下，各种不同高低、不同规格的落地灯、台灯把酒廊也装饰的错落有致，给人以分明的层次感。抛开了繁忙的公务，您可以在这里尽情地放松，与好友叙旧闲聊，或是结识来自世界各地的新朋友。

此外，酒店还有SPA水疗设施，在忙碌一天的会议之后，以白色蜡烛和白色插花瓶装点整个空间，既时尚又简约，没有丝毫的累赘感，让忙碌一天的人们感到真正的放松。材料本无好坏对错，好坏对错在于它们组合时的表现。马赛克这种不贵的材质被设计师运用自如，大地色系的小块马赛克构成的冲淋房耐看且防滑，拼砖与涂料并非低级的材质，玻璃各司其职的分隔着各个不同的功能区域，木材的点缀使得材料的组合明快生动，并给空间带来丰富的表情。

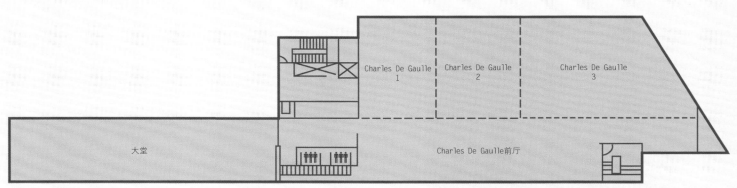

首层平面布置图（会议室）

空间：正式与非正式沟通环境的完美结合

横平竖直，简洁明快的形态构成了经典的荷兰式室内风格。酒店的客房考虑到商务人士的便利性，可应客人要求提供无障碍连通房。住在一个行政客房的客人享受更宽敞的休息区，休息区与办公区域的间隔用衣柜来划分，节省空间，也使得各自区间的功能变得更加明确。酒店客房的整个色调以灰棕色系为主，简单明了，突出商务风格。为了更突显会议型酒店的特色，连行政客房的办公区域都带有写字板。

除此之外，酒店侧翼拥有整整三层的商务会议空间，为了配合机场酒店的特色，设计师将楼层的名称全部以世界著名机场名字命名，例如一楼为巴黎戴高乐机场层、二楼为伦敦希斯罗机场层、三楼为纽约肯尼迪机场层。共19个多功能可容纳800人的会议室和一个设在行政酒廊楼层配备先进设施的执行委员会会议室，可满足多个会议同时召开。透过阳台和移动式百叶门窗的错动同时强调了整体感与个体感。

酒店其中一家餐厅顶部，仿大理石纹路的灯光闪亮，之下是一个被矮柱稳稳托起的花瓶。地面是再传统不过的地板，衬着黑色墙面和红色餐椅，古典气息扑面而来。

相比起来，另一家名叫Romeo的餐厅则现代气十足。统一图案和材质的布艺沙发拼起一条直线，天花板与之对应的是长条环装顶灯，外立面辅以贝壳装饰。由此，这个长方形的餐厅被分成两块直线区域，这点符合西餐就餐方式。设计师充分利用立面空间，在曼妙白纱的遮掩下，在一侧墙面局部安置了窄型酒柜，各种常用配餐酒呈现在客人面前，一来方便客人选用，二来也是不错的装饰。

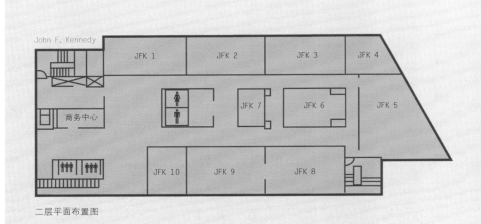

John F. Kennedy

JFK 1	JFK 2	JFK 3	JFK 4
商务中心	JFK 7	JFK 6	JFK 5
JFK 10	JFK 9	JFK 8	

二层平面布置图

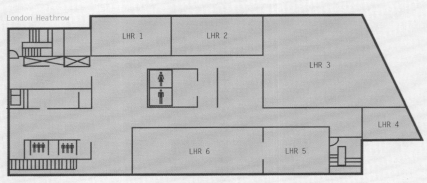

London Heathrow

| LHR 1 | LHR 2 | LHR 3 |
| LHR 6 | LHR 5 | LHR 4 |

三层平面布置图

酒店地址 / I Addington St London, SE1 7RY, United Kingdom
连锁品牌 / Park Plaza
客房数量 / 398间
楼层总数 / 14层
配套设施 / 餐厅、酒吧、会议室、健身中心、行政酒廊

Park Plaza County Hall London

伦敦市政厅丽亭酒店

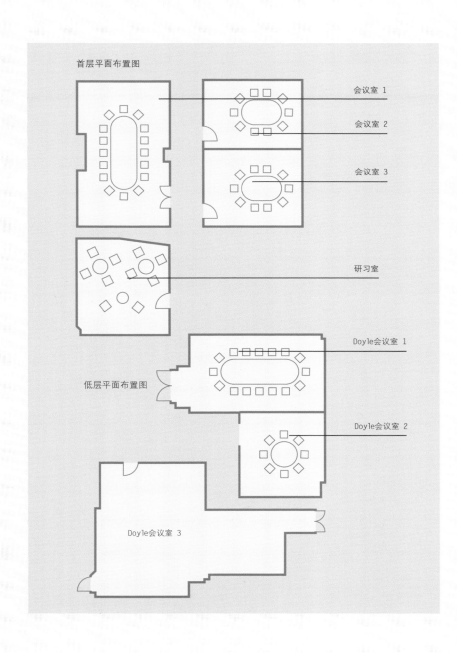

首层平面布置图

会议室 1

会议室 2

会议室 3

研习室

Doyle会议室 1

低层平面布置图

Doyle会议室 2

Doyle会议室 3

位置：伦敦

伦敦市政厅丽亭酒店位于伦敦市中心，泰晤士河边上，离威斯敏斯特桥近几步之遥。酒店距Waterloo地铁站仅300米，距伦敦城市机场和希斯罗机场均只需不到1小时车程。酒店附近还有伦敦水族馆、维多利亚路堤花园、南岸艺术中心和皇家国家戏院等著名景点。

主题：看尽世间繁华的满足感

说起该酒店，不得不从它的绝美顶层说起。从顶层窗子望出去，似乎与伦敦地标——伦敦眼（又称千禧之轮）近在咫尺。这种一眼就看得见的幸福使得酒店成为办公、娱乐完美结合的典范，非常适合有阅历人士入住。顶层的整体色调是米色，显得异常的舒服，加上一些湖绿色装饰的点缀，各个区域区分的相当明确。靠墙的沙发是黑色的，再往前一点是奶茶色沙发，再前一排就变成米白色沙发，用颜色区分空间的方法相当巧妙。米白色沙发配上白色落地灯，这时你可以随便捧起一本书，累了的时候抬头看窗外，在巨幅玻璃窗前呈现的是另一种惟妙惟肖的图画，让人赏心悦目。

酒店顶层同时还设有开放式厨房，以满足客人自己动手的愿望。这还不够。顶层的空间里特意设计了吃晚饭的地方，摆放了一个白色圆桌和四个木色折叠椅，后面的柜子是靠墙而建，从柜子中间挖出一个四方形的空间，可以放些微波炉、水壶等日常用品。靠近窗子的一边，用两张单人椅和一个双人小沙发围成一个相对私密的小空间，这时你想看看电视，就可以拿起手中的遥控器。一个L形的沙发与一张办公桌则作为办公区域与其他区的隔离，窗外良景也能带给商务人士处理工作的好心情。

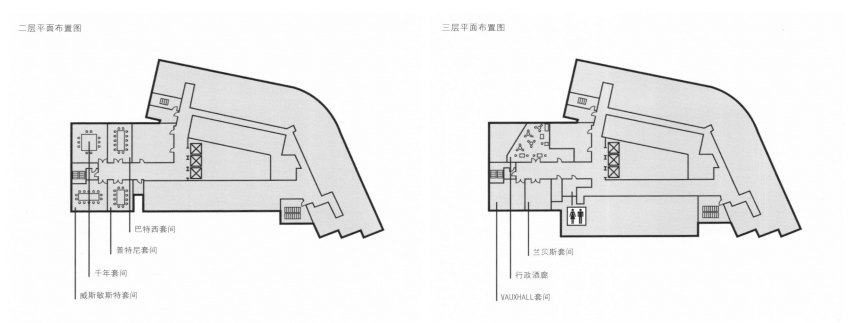

巴特西套间

普特尼套间

千年套间

威斯敏斯特套间

兰贝斯套间

行政酒廊

VAUXHALL套间

酒店坚持贯彻环保理念，一直努力减少使用化学用品。使用双抽水马桶，节约用水。除此之外，酒店已经安装了自己的瓶装水设备，大规模减少碳污染。酒店的家政团队已开始使用微纤维布，绿色环保。

酒店的行政酒廊像一个温室，酒廊中所有的椅子与桌子都用环保透明塑料制成，加上落地窗的自然照射，使得整个酒廊显得阳光明媚、温暖如春。走出酒廊，就可以到达露台，露台上有一个巨大的白色遮阳棚，加之伦敦的城市建筑的风格，很有一种置身于欧洲童话城堡的感觉。霍尔国家公园酒店还是举办会议的理想选择。酒店提供各具特色的会议室及设施，最大的会议室可容纳多达100位客人。所有房间都是自然采光。

空间：小灯光大不同

空间因灯光而出众。伦敦市政厅丽亭酒店的酒廊和餐厅恍若希斯罗机场的贵宾室。白色吊顶打上几盏射灯，拼接木质贴皮局部吊顶，硕大的真皮沙发，脚下是海洋元素的地毯，落地玻璃窗外透出灯光夜景。在酒店餐厅，一排排宽大的紫色灯箱和球形吊灯把餐厅的空间区隔开来，球形吊灯的用餐区域靠窗，相对比较私密。不仅如此，紫色并不是一成不变的，而是会根据气氛、场景的变化而进行颜色上的改变。如此一来，既让空间显得更加生动，也增加了用餐的趣味。Spectrum光谱酒吧同样采用了与餐厅一致的空间设计理念——天花板吊顶上面嵌入两排小射灯，这种设计显得很讨喜，因为酒吧可能多数时间需要相对昏暗的灯光和环境，而对光线有需要的客人可以坐在射灯下面两排座位。酒吧中酒橱的设计也很亮眼，有很多长方形、正方形横竖摆放的小格子组成一面墙的酒橱，酒吧中只有酒橱这个区域是灯光最强的，这会一下子把客人的注意力都吸引过去。

酒店地址 / Boar Lane City Square, Leeds, UK

连锁品牌 / Park Plaza

客房数量 / 187间

楼层总数 / 21层

配套设施 / 餐厅、酒吧、会议室、健身中心、行政酒廊

Park Plaza Leeds

利兹丽亭酒店

位置：利兹

利兹丽亭酒店位于利兹的中心地带，靠近利兹城市广场、皇家军械和撒克里医学博物馆。附近还有 Trinity Leeds Mall 和圣三一教堂。利兹火车站就在附近，酒店位置十分醒目。酒店距离利兹大教堂和利兹市博物馆仅有5分钟步行路程，距离利兹大学有1英里（1.6千米）。著名的皇家军械博物馆距离酒店有20分钟步行路程，利兹布拉德福德机场距离酒店有30分钟车程。

主题：宁静VS热闹，低调且奢华

从外观来看，利兹丽亭酒店并不起眼，就像是利兹这座城市中一座普通的高楼，静静地坐落在车水马龙的繁华街区，如此而已。外墙

低调的采用了石灰原色加横纹的设计，甚至连酒店的招牌看上去都不那样的显眼。

酒店大堂呈弧形凹陷，可以瞥见前台的工作人员正在忙碌，吸引眼球的是他们后面五颜六色的小型灯箱组成的背景墙。酒店的卧室，那张铺有枣红色的绒缎的睡床并不过分奢华，红色木质地板显出浓厚的古典主义色彩。面朝窗子有一条长桌，角落里放着一张与地板统一色调的单人沙发，加上简单的挂画，让整个房间倒是透着一股舒适的暖意。

除此之外，酒店还有各个类型的会议室供客人使用，不同会议室有不一样的风格，不是清一色的统一设计。适合演讲式的会议室整个房间的灯光略显昏暗，但三盏射灯的灯光一起把前方的演讲台突出出来。而适用于团队讨论的会议室深棕色色调则略显严肃。到了宴会厅，会感到光芒耀眼，米白色的座椅及银制的用餐工具，以及围绕宴会厅天花板四周的淡蓝色灯带，让人有一种极尽奢华之感，如果在这里举办一场舞会、甚至一场婚礼都是不错的选择。来到酒吧放松一下。酒吧的灯光光怪陆离，但整体也是以红色为主，灯光的作用有时不止在于照明，还可以巧妙的作为屏风使用。

有别于宁静私密的客房和气氛庄重的会议空间，利兹丽亭酒店的餐饮空间热闹非凡。利兹地处高寒地带，人们总会把餐饮区域布置的很入时。屡获殊荣的Chino　Latino餐厅在时尚的环境中提供新鲜的远东美食，而Scene! Lobby Bar酒吧则是一个时尚的酒廊空间，供应香槟和充满创意特色的鸡尾酒。金属地砖和镜面天花极其

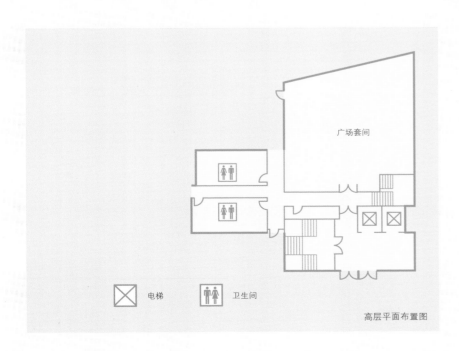

电梯　　卫生间

高层平面布置图

吻合，黑红主色的酒廊里，视觉亮点是调酒师和其身后薄荷色的酒柜。一席红色抽象画占满墙面，这里好似随时都要开派对。

空间：虚实结合的变换法则

行政套房的玻璃窗设计得很巧妙，并不是很多酒店清一色的落地窗，而是像一幅挂画的面积大小，窗沿很窄，窗外的风景透过玻璃俨然一幅随时变换的图画，更显得生动。而客房墙壁上，选用了利兹城市风光的大幅照片装饰，真实的风景与平面的照片虚虚实实、相辅相成。酒店甚至还在房间的窗台上摆放了望远镜，以便客人将一座城尽收眼底。

浴室也采用了黑白搭配的色调，如酒店外观那般低调，有一个值得注意的细节，在浴缸上方的墙壁设计师特意嵌入了一个可以安装小液晶电视的空间，这满足了客人边泡澡边看电视的需要。套房的客厅，设计师巧妙的用深灰色的瓷砖与枣红色的地毯把饭厅和娱乐交流区区域分隔开来。

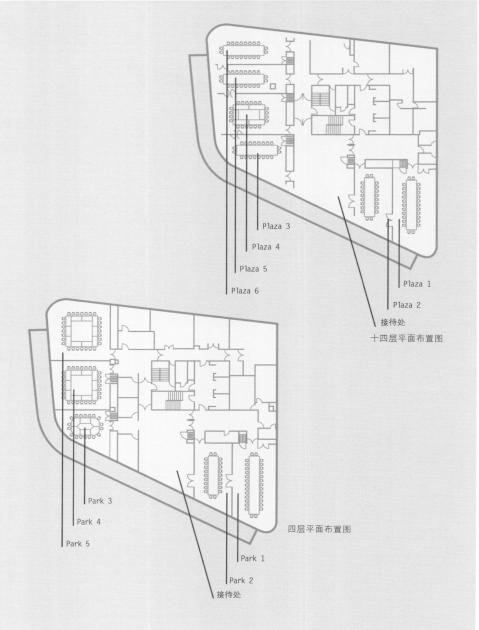

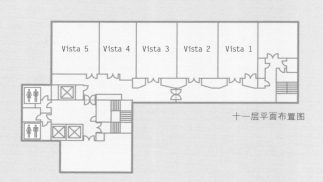

酒店地址 / Damrak 1-5, 1012 LG Amsterdam, Netherland

连锁品牌 / Park Plaza

客房数量 / 306间

楼层总数 / 7层

配套设施 / 餐厅、酒吧、会议室、健身中心、行政酒廊

Park Plaza Victoria Amsterdam

阿姆斯特丹维多利亚丽亭酒店

位置：阿姆斯特丹

酒店位于阿姆斯特丹的中心地带，是家居型酒店，步行即可到达圣尼古拉斯教堂、阿姆斯特丹唐人街和贝尔拉格证券交易所。附近还有Waterlooplein（滑铁卢广场）跳蚤市场和女士蜡像馆。

主题：复古与时尚的碰撞

走进阿姆斯特丹维多利亚丽亭酒店的大堂，四周是用棕榈色的玻璃棋格门窗，设计师选择了圆柱形水晶吊灯，搭配石膏石砌起来的圆柱及拱顶，给人一种荷兰特有的中世纪的王室风格，大堂呈长条形，用米色瓷砖铺饰，左右两列的休息区分别穿插棕色瓷砖，用高低不同的皮椅进行摆设装饰，黄金时代的原貌多有保留，显得古老而极有韵味。

酒店的客房很简约，砖红色的地毯、深棕色的家居和墙面。但在套房的客厅中没有采用普通的双人沙发，而是摆放了两用的沙发床，白色皮质沙发床在此时并不显价格低廉，沙发的靠背和侧背都是可以拆卸的，满足客人的不同需要。在套房的各个角落，都摆放着荷兰最著名的白色郁金香，看到这些花让人觉得一阵沁人心脾。

在行政套房，弧形落地窗外可以遥看阿姆斯特丹的街景，米色条纹壁纸配合斜纹浅棕色地毯，显得层次分明。行政酒廊似乎是为了酒店风格的统一性，窗子是整个落地玻璃窗，但是深灰色的窗帘及滑道设计也很突显古典风格。

反观酒店的会议室，完全的毫无保留的现代气息，与大堂和酒廊形成了鲜明的反差。这里有不同规模，可以容纳不同人数的会议室。

当然，在休息之余，也可以享用酒店的游泳池，一杯饮料和一个躺椅可能更是你需要的。

空间：注重细微之处的贴心

酒店的行政酒廊，并没有让桌椅占足了整个空间，可以感受到荷兰人闲散的个性，酒廊采用灰木色条纹的地板，为了增加轻快之感，酒廊的桌椅便以白色调为主，值得注意的是，设计师用几个微型白色独立吧台代替了桌椅，并且周围并没有摆放吧椅，可以看出设计师心思的缜密，行政酒廊中多是商务人士，这种独立吧台让习惯了站着推杯换盏的商务人士来说更有了交际畅谈和"倚靠"的地方。

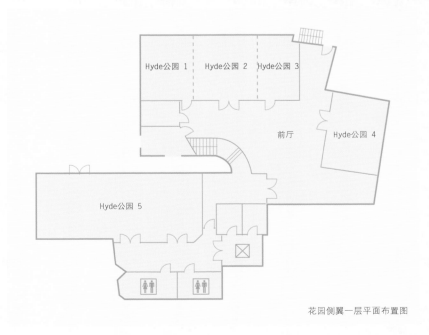

花园侧翼一层平面布置图

430 · 阿姆斯特丹维多利亚丽亭酒店　*Park Plaza Victoria Amsterdam*

平面布置图

酒店地址 / 200 Westminster Bridge Road, London, UK
连锁品牌 / Park Plaza
客房数量 / 1019间
楼层总数 / 16层
配套设施 / 餐厅、酒吧、会议室、健身中心、行政酒廊

Park Plaza Westminster Bridge London

伦敦威斯敏斯特桥丽亭酒店

位置：伦敦

伦敦威斯敏斯特桥丽亭酒店位于伦敦的中心地带，步行即可到达伦敦水族馆和伦敦眼。附近还有南岸艺术中心，雄伟的威斯敏斯特桥将艺术与设计融为一体。酒店与国会大厦和大本钟隔河相望，为会议、商务活动或城市旅游提供了一流的场所，在这方面，伦敦任何其他酒店都无法与之相匹敌。

主题：顶级入住体验

伦敦威斯敏斯特桥丽亭酒店拥有无与伦比的景色和伦敦标志性的景观。酒店拥有50间宽敞的套房，4间豪华顶层设计为挑剔的旅客。世界一流的设施，包括一间米其林餐厅和欧洲的第一Mandara水疗中心。

酒店门口插着多国国旗，想必这是诸多政治人物的下榻之处。酒店外立面全部采用玻璃材质，在阳光照射下显得异常耀眼。从高空俯瞰，黄昏中的酒店矗立在伦敦街头，像一个旁观者一样看人来人往。酒店大堂设置有楼梯和电梯，大堂中心摆放着一台很有质感的

金属钢琴，大堂总体呈现出酒红色灯光效果，酒店前台布置的并不富丽堂皇，只有简简单单的两个白色桌柜。

伦敦威斯敏斯特桥丽亭酒店的顶级套房，有着双层隔音落地玻璃，透过玻璃窗可以一眼望见不远处的伦敦大本钟与泰晤士河，薰衣草色的窗帘透出一股清清的淡雅之风。客房用餐的地方，铺有灰色哑光瓷砖，黑白色相间的餐椅搭配白色餐桌有着很明确的层次感，突显材质的高端。除此之外，餐桌旁边还有四开门的餐边柜，如果想在这里切些水果、冲杯咖啡是个不错的选择。浴室虽然设在顶棚，设计师却把浴缸摆在了棚顶的倾斜之处，放了一些盆栽、蜡烛之类的物品，这样便有一种自己做SPA的感觉，值得注意的是，在浴缸的花洒旁，还摆放了一只如今炒得很热的"小黄鸭"。

被誉为伦敦"最棘手的评论"的贾尔斯科伦的《泰晤士报》评价这里的美食近乎完美，茶水和小吃风格的灵感来自于厨师Joel的世界旅行。同时，Mandara Spa水疗带来了巴厘岛的味道，与英国特有舒缓疗法相结合，带来不一样的体验。SPA房间有着当代巴厘风格的装潢，Mandara Spa选用顶级水疗护理和产品，Elemis面部和身体疗法和极乐指甲打蜡，水疗中心让客人远离城市喧嚣。酒店还提供设备齐全的健身中心，蒸汽浴室，桑拿浴室和15米长的游泳池。

空间：另类遮挡，无处不连

酒店房间很有艺术感，在客房与洗手间的拉门上面有着黑色背景人物涂鸦，这样做避免了浅色玻璃门或磨砂门缺少隐私遮挡的缺点，也没有单一深色门的单调。

由于处于两院议会旁边，因此，酒店对会议室的设计别出心裁。酒店内部连通的"分层"会议空间，位于三个连续的会议楼层上，这些楼层之间有专用的电梯和楼梯，与会者可以方便而快捷地在这些会议室之间出入。除City Rooms以外的所有会议空间都内置了相关技术，包括天花板上的屏幕和投影仪。

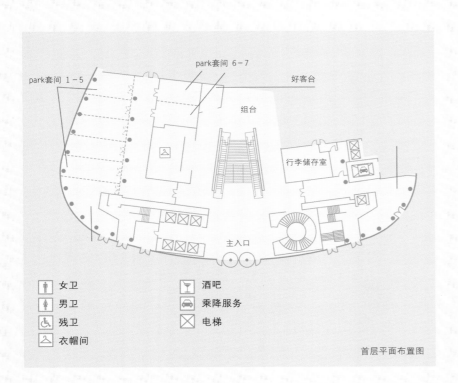

park套间 1-5   park套间 6-7   好客台

组台

行李储存室

主入口

女卫   酒吧
男卫   乘降服务
残卫   电梯
衣帽间

首层平面布置图

436 · 伦敦威斯敏斯特桥丽亭酒店　*Park Plaza Westminster Bridge London*

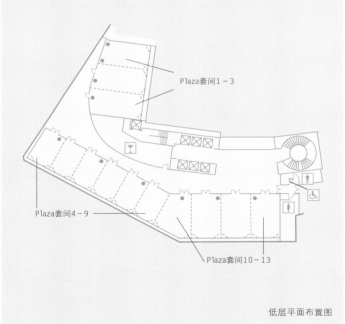

Plaza套间1-3

Plaza套间4-9

Plaza套间10-13

低层平面布置图

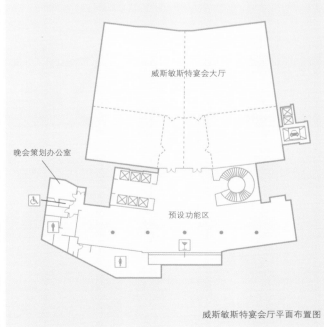

威斯敏斯特宴会大厅

晚会策划办公室

预设功能区

威斯敏斯特宴会厅平面布置图

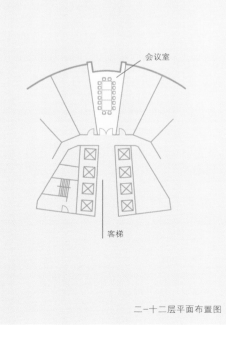

会议室

客梯

二一十二层平面布置图

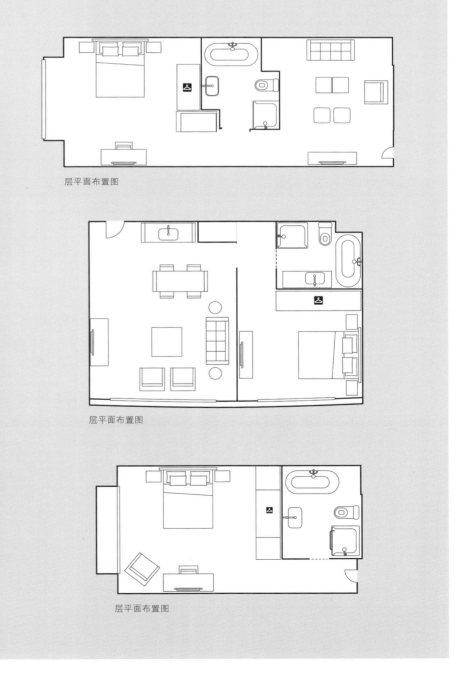

层平面布置图

层平面布置图

层平面布置图

Oakwood®

奥克伍德（Oakwood）亚太目前在奥克伍德商标下拥有三个正在运营的产品类别，每个类别代表着不同级别的服务、设计和理念，以满足客人和住户的不同需求。奥克伍德是成立于1962年的服务式公寓管理机构，总部设于美国洛杉矶，旗下奢华的服务式公寓遍布美国、英国和亚太地区的中心城市。奥克伍德与传统酒店不同，是优于酒店住宿的更佳选择。

奥克伍德定位在酒店公寓类型，面积均很大，设计风格简洁，家具配置可灵活调整，为中国中西部地区广阔土地建造大面积酒店开创典范。每间房屋都像居家一样舒适方便，包括配套齐全的厨房、家具、家用器具和洗衣设备。并且，还提供各种娱乐设施包括游泳馆、洗浴中心、健身房、网球馆、儿童娱乐场所以及餐厅。奥克伍德非常适合全家出游或者商务人士长期出差入住。

奥克伍德豪景：声望、品质、独有。它位于主要城市的中心位置，将令人印象深刻的公寓同豪华酒店的便利设施与服务相结合，专为需要豪华和时尚服务的旅客们设计。

奥克伍德华庭：空间、便利、安全。这些华庭坐落于住宅或商业场所，提供具有当代服务的住所，是家庭的理想之选。

奥克伍德雅居：智能、新颖、先进。这些公寓位于主要城市中心，配置齐全并提供基本服务，是单身专业人士或情侣理想的实惠之选，提供配备现代生活必需品、新颖别致的住所。

酒店地址／中国北京市朝阳区东直门外斜街8号
连锁品牌／Oakwood Residence
客房数量／406间
楼层总数／地上33层，地下3层
配套设施／烧烤设施、创世纪商业服务、
停车场、儿童游乐区、便利店、健身中心、
商务中心、会议室、住户休息室、餐厅和酒廊、
水疗、现场自动取款机、私家花园
建筑设计／中国建筑科学研究院
室内设计／奥克伍德亚太技术服务部门

Oakwood Residence Beijing

北京绿城奥克伍德华庭酒店公寓

位置：北京

欢迎光临您在北京的家——北京绿城奥克伍德华庭，它位于朝阳区日新月异的中央商务区，这里是许多外国大使馆及购物娱乐区的所在地。酒店步行即可到达东直门交通枢纽。旅客们可以非常便利地前往中国长城和故宫等名胜古迹。无论是短期还是长期居住，北京绿城奥克伍德华庭为商务人士、休闲旅客、移居海外者和眼光独到的住户提供了完美的服务住所。

主题：因地制宜，百搭用色

酒店外表规整，四周绿草如茵。圆弧形候车区域加上外圈圆形喷泉，非常呼应。低层为公共空间部分，越往上走则为豪华套间。华丽客房将带给您舒适的入住体验，全部基于经典舒适设计理念的客房有多种户型选择，从行政单间、一居、两居、三居到行政四居复式套房以满足客人的多样化需求。设备完善的健身中心、健康美容水疗中心及蒸汽、桑拿房和私家花园为您的生活增添几分惬意。

来自巴黎的水疗中心大堂吸取天圆地方的设计灵感，一盏水晶吊灯安排在圆形灯槽内，含蓄而不张扬。地面图案被定制为两滴水滴的结合体，选用淡雅米白色分割浅蓝色，给人以清爽、高贵的视觉印象。雕花防银质前台配两盏白色立灯，白色背景墙，一切显得端庄而优雅。大面积的落地镜子和全透明玻璃在SPA空间中被大量运用，给人以澄明空间的印象，同类色系的差异化分割运用，也是空间色彩搭配的好方法。

黄色石材搭配金色和紫色沙发，地中海餐厅典雅的室内装饰映射出环绕地中海的欧洲、亚洲和非洲国家的经典美食文化遗产。若要享受一次触摸阳光的露天进餐，花园露台是绝佳去处，而酒廊则是啜

饮一两杯的理想场所。防霉变、防虫害、防晒的室外立柱、桌椅需要精挑细选，经久耐用的同时能大大节约造价预算。公主中餐厅因其提供的极品广东菜而享誉整个北京城。中餐厅整体为圆形空间，圆柱为承重柱，围绕其中的金色水晶吊灯如垂柳般呈圆形造型洒落。原本，如此不规则空间中的圆柱是个设计障碍物，设计师巧妙的利用了柱子，用此自然分隔用餐空间。

空间：可灵活安排的超大面积客房＋功能俱全面积较小的公共空间

面积43至46平方米的行政小套房，无论其空间还是便利的设施比起典型的酒店套房都更加舒适。慵懒的装饰风格会让客人们感觉这里是奔波忙碌一天之后最完美的休憩之所。

一卧室面积在82至92平方米，设计非常时尚，具有宽敞、优雅而现代的内部空间。这有三种选择：高级、豪华和行政，面积依次增加。这三种房间的配置相同，但较大些的房间既不会设在角落里，也不会在较高的楼层。亚麻灰色沙发，彩色条纹沙发，白色沙发……这里单是沙发种类就足够多，且都是布艺，外壳清洗方便，使客房卫生更有保障。

128至143平方米的两卧室凭借精致的内部装饰整合了城市的大都会特性。从天花板至地板的落地玻璃窗展示了更广阔的城市景致，而且宽敞的地板面积更增强了房间的开阔感。行政两卧室比豪华类稍大一些，但两者共同之处在于都具有可容纳四人进餐的用餐区以及配有独立浴室的卧室。没有墙壁隔断，在一个开放式空间里，通过耐用的仿大理石地砖，局部铺设地毯分隔出不同的空间类型，易

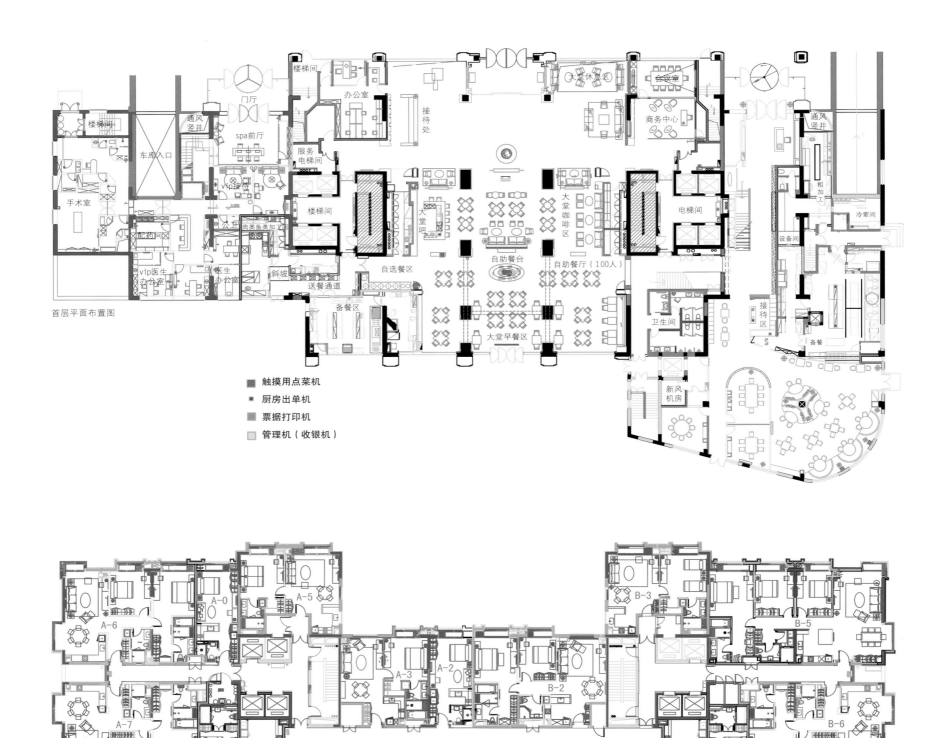

首层平面布置图

■ 触摸用点菜机
■ 厨房出单机
■ 票据打印机
□ 管理机（收银机）

标准层平面布置图（3—29层）

深色系：3、5—6、8—9、11—12、14—15、
17—18、20—21、23—24、26—27层
浅色系：4、7、10、13、16、
19、22、25、28—29层
（3—4层高为2.95米，5—29层层高为3.065米）

高级一居室（67平方米）

豪华一居室（70平方米）

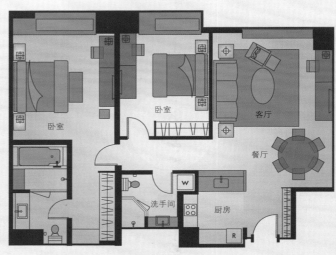

豪华两居室（104平方米）

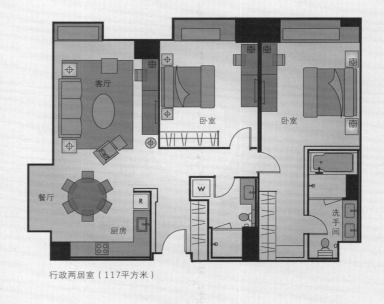

行政两居室（117平方米）

于打扫且经久耐用。随着时代和潮流的变迁，酒店可以更新家具和其他软装，而无需拆墙动瓦，省钱又环保。

187至373平方米的三卧室是很多人家外之家的缩影。这种都市罕见的超大房间最适合全家居住，它扩充了酒店的儿童设施，让他们感觉真的是在自己家里一样。三卧室客房分为豪华、行政和阁楼套房三种（面积依次增大）。在阁楼套房所处的38层可以俯瞰奇妙的美景。阁楼套房是一个三层套房，顶层是阁楼而底层则毗邻剧院。所有三卧室的餐厅都可以容纳八人同时进餐。更让人惊喜的是酒店还拥有四卧室客房，面积堪比别墅，在327—577平方米。四卧室住宅具有绝妙的设计，其卧室都有独立的浴室；主卧设有蒸汽淋浴和浴缸，以及大小可调的衣柜和储物区，具有绝妙的设计，非常舒适，而且几乎所有便利设施都持久耐用。在节约原材料的今日，设计师有这种远见是值得称赞的。行政四卧室住宅以私密性露台为特色，而且具有被植物和鲜花环绕的景观花园，还提供了极佳的城市及河流景观。若你想享受顶级居住环境，就来四卧室顶层公寓，房屋非常宽敞，相当于富人公馆。它具有最大的空间面积，私人书房则更加凸显其非凡特性。

让位于硕大的客房私密空间，相比公共空间面积都较小但功能俱全。会议室和宴会厅的布置很常规，特色在于墙壁布艺、地毯等大量选用中国传统图案，如桃花、仙鹤，甚至是中国写意山水画。现代空间和中国国画图案的混搭，大胆而新颖，相信会让到访的外国客人难忘。

奥克伍德健身中心不同于其他空间的华丽外表，相比起来朴素许多。除了一切必要家具之外别无多余摆设。因为健身时候人会大量排出废弃，因此健身房吊顶采用最简单的方格栅栏，六星级绿色环保空气净化空调系统保障了您的健康，三层空气净化系统确保您的自由呼吸。

豪华三居室（152平方米）

行政三居室（155平方米）

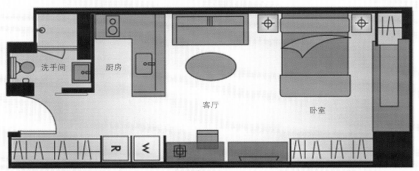

行政标准间（38.5平方米）

豪华标准间（35平方米）

酒店地址／中国广州市天河区体育东路28号

连锁品牌／Oakwood Premier

客房数量／225间

楼层总数／41层

配套设施／商业服务、儿童游乐区、健身中心、
会议室、餐馆及酒吧、停车场、住客休息室、
水疗、桑拿和按摩浴缸、户外温控游泳池

Oakwood Premier Guangzhou

广州方圆奥克伍德豪景酒店公寓

位置：广州

广州方圆奥克伍德豪景酒店公寓作为中国首家奥克伍德的尊贵品牌，坐落在广州天河区中心，毗邻珠江新城新建的CBD。奥克伍德豪景到白云国际机场只需40分钟的车程，到火车东站10分钟车程，便可搭乘高速列车往返香港。其附近有购物中心和一些现代旅游景点，如：2010届亚运场馆、会展中心及一年举办两次的广交会会场。毗邻主要的购物中心，如天河城、正佳广场、万菱汇、太古汇，地铁站以及选择众多的娱乐休闲中心。

主题：精致、安全的标准化设计

设计典雅豪华，极富现代感的建筑外观设计。底层至高层，分几个阶梯层层递减，给人稳重感。酒店位于城市现代楼宇之间，让您体验奢华精致之美。广州方圆奥克伍德豪景酒店精致，安全，环境优雅，让您同时体验现代时尚和家庭的温馨之美。

客房分布在17–39层。优雅舒适的套房设定了小套房、一居室、两居室、三居室、四居室，长住的客人也很多。客房面积为广州天河区同级酒店中最大的。标准化的配套设施：深红木色或是浅香槟色的家具，每套客房均配备设备完善的厨房，配有液晶电视的蒸汽淋浴室，可调控的中央空调冷、暖气系统，让住客感受到家一般的温暖。设计师选用最新的现代科技产品，包括先进的家庭影院娱乐音响设备，配有防水液晶电视和先进的蒸汽桑拿淋浴的浴室，使人在泡澡的同时也能清晰的看到电视。客房均摆设富有现代亚洲风格的艺术品，舒适的亚麻床单和羽绒床垫搭配现代的家具，大理石浴室。每套房间的风景都与众不同，视野开阔无遮挡，让您饱览迷人夜景和璀璨城景，拥有最尊贵和高品位的入住体验。这种标准化的配套设施和因地制宜的基础房型，大大节省了业主的设计和材料采购成本，也让施工安全得到保障。

酒店为您提供了可靠舒适的私密环境，使您无需担忧任何安全问题。酒店装有闭路摄像监控系统，监控停车场，高级的电子门锁，门卡控制的电梯直达住客楼层和24小时酒店公寓内保安巡逻。

空间：功能齐全，一站式服务

客房整体设计布局合理，厨房、客厅、睡眠区划分清晰，家具灯饰营造温馨的效果，墙上的装饰也极力营造"家"的氛围。特设厨房区域，从咖啡壶到焗炉，从普通的水杯到专业的西餐器皿一应俱全。客房除厨房家电外，在壁间发现居然还有洗衣干衣

机！公寓式的酒店功能太强大了！但是客房也不是百分百完美的，缺点譬如：落地玻璃窗让住客欣赏优美景色的同时，窗边隔音较差，可以隐约听到隔壁房间的客人对话。单间客房未设置办公区域，只能把梳妆台当办公桌使用。洗手间与冲凉房之间建议放一吸水地垫，以免冲凉房的水溢出至洗手间时，地面的水无法退去，地面湿漉漉感觉不适。

豪华四居室（230平方米）

豪华单套间（95平方米）

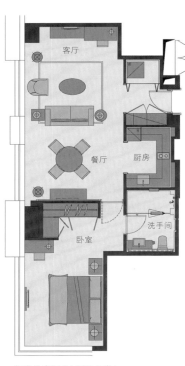

标准单套间（108平方米）

超豪华单套间（85平方米）

客房是酒店的根本，而其他配套设置则体现了酒店的档次和人性化关怀的程度。商务中心初看更像是个安静的咖啡吧，几台苹果电脑错位摆放，使得人人都有一片独享空间。空间也独立辟有满足少数人开会的会议室。利用全落地玻璃的拐角，与会者可以欣赏广州美景，增添无限灵感。

健身中心24小时开放，为您提供最先进健身环境，其中拥有奥运会专用健身设备意大利品牌"TechnoGym"，也包括瑜伽室。半室内恒温游泳池采用环绕型半露天的设计，在任何天气都可以享

受游泳乐趣的同时，又能在休息时段高空俯瞰天河的车水马龙。更衣室内桑拿室及按摩浴池，专为商务企业人士提供最先进的健身环境。使用起来一切都很方便，舒适而私密。

酒店增加了一项很人性化的设施——室内儿童游乐室，适合12岁以下儿童，同时提供多种玩具、儿童图书、液晶电视机、电脑等用品。此外，所有拐角都被设置为弧形或者钝角，彩色的沙发软包，白色软包立面、木纹电视机背景墙，大大降低了儿童在活动时的危险系数。人类天生就喜欢大空间，因此设计师在设计儿童游乐场的

超豪华两居室（132平方米）

豪华两居室（138-148平方米）

标准两居室（173平方米）

时候，除了必要的桌、椅等，没有任何琐碎的装饰，最大限度地满足了儿童的要求。

第1至5层商业裙楼拥有悦椿Spa、阿翁鲍鱼、逸泷西餐厅、中国银行、建设银行、广发银行等商业配套，特别方便。悦椿Spa位于4楼，占地900平方米，将现代化的设计理念融于热带雨林的主题中，采用天然花卉和鲜果作为原料，推出了一系列基于芳香疗法并结合东西方精妙手法的亚式护理。

奥膳房是奥克伍德豪景的品牌餐厅与酒吧，落地玻璃环绕设计，独有270度迷人城市景色的用餐享受。餐厅位于酒店公寓16层，其典雅而宁静氛围不失为闹市中的一片天堂。奥膳房设计成休息室风格，提供LCD电视。自助餐区不大，麻雀虽小五脏俱全。

其他餐厅，诸如阿翁鲍鱼位于第4层，是由香港富豪阿翁鲍鱼酒家进行经营管理的高档食府。逸泷西餐厅位于第4层，是广州第一家正宗爱尔兰西餐酒吧的分店。

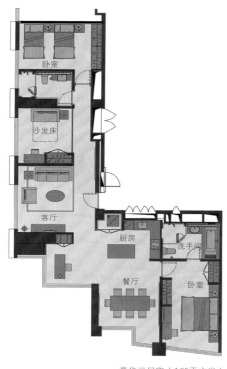

豪华三居室（195平方米）

豪华三居室（210平方米）

标准三居室（210平方米）

超豪华单套间（53-60平方米）

豪华单套间（65平方米）

单套间（78平方米）

酒店地址 / 中国浙江省杭州教工路28号
连锁品牌 / Oakwood Residence
客房数量 / 321间
楼层总数 / 北楼19层，南楼12层
配套设施 / 停车场、健身中心、会议室、
Oakleaf餐厅及酒吧、住户休息室、室内游泳池、
商务中心
设计师 / Mr.Muncherji Percy

Oakwood Residence Hangzhou

杭州奥克伍德国际酒店公寓

位置：杭州

酒店位置在西湖以北3公里处。杭州奥克伍德国际酒店公寓为那些观光的商务兼休闲游客们提供了最佳住所。该酒店与令人惊叹的杭州欧美中心相连，位于"黄龙"商务圈的跨国企业及购物娱乐区附近。在这座功能多元的殿堂之中，既有一流的办公空间，也有顶级的零售商店。

主题：不错的家庭式酒店

在市区，还能有这样一个安静的地方，是个不错的去处。环境极为高雅舒适，设施极尽完美齐全，配合细致到家的服务，必让全家或单独出游的度假或商旅人士感受到无尽的奢华与宠爱。即使您有非常个别或匆忙的需要，酒店也能迅速安排，如您所愿。

电梯需要门卡才能选择楼层，大大提高了安全性。大堂、餐厅、会议室等功能一应俱全，满足了各种客人的各种需求，但有别于其他酒店的是，这些功能区域在奥克伍德被尽可能的节省空间，而把空间留给了客房。因此，客房相对传统酒店来说面积特别大。在这里长居或短住，既能享受到国际酒店品质的安全与舒适，也能沉浸于有如在家里无限隐秘和自在的氛围中。

空间：满足多种人群需求，生活空间宽敞

杭州奥克伍德国际酒店公寓分南北楼两个建筑群，南楼4至12楼总共拥有166套设施完美的豪华公寓，北楼5至19楼总共拥有155套设施完美的豪华公寓，南楼三楼拥有西餐厅，酒吧，健身中心以及室内游泳池，北楼四楼拥有中餐厅，自助餐厅，宴会厅。该酒店将酒店式便利设施、个性化服务和如家般的舒适巧妙地融合在高雅而可靠的环境中。

设计高贵时尚，生活空间特别宽敞。南楼和北楼之中，共辟有123套单人公寓，145套单套间，38套双套间及15套三套间，每一套都有完美设施和服务，以满足个别尊贵房客与家庭的所有不同需求。位于北楼的小套房 面积在35至45平方米，提供了慵懒、紧凑但舒适的住所，比标准的酒店套房宽敞许多。床可以整体作为特大号双人床使用，也可以分拆成两张单人床。一居室面积在65至74平方米，带给客人宾至如归的感觉。舒适、宽敞而且设计精致，它为

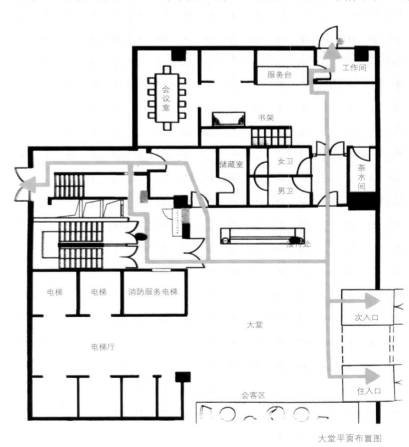

大堂平面布置图

辛苦工作一天的住户提供了宁静的放松场所。一居室根据视野划分为两类：行政，面朝城市社区；豪华，能够看到教工路熙攘的景致；用餐区有四把椅子，客厅里有一台LCD宽屏电视和家庭影院系统，带给您美妙的娱乐享受。两居室面积在91至103平方米，可以令人想起私人住宅的舒适优雅。这是年轻家庭或者需要定期接待来访客人的理想之所。主卧中还配有iHome应用程序，电视机可随意转动方向，使人无论在床上还是工作桌旁都能轻松自如地看清楚电视。138平方米的三居室内部布置精美、舒适，具有可以提供现代生活方式的辅助设施。它是商务旅客、移居海外者长期居住或者当地家庭临时居住的最佳选择。作为新增的特色，南楼的三居室具有可供六人进餐的餐厅，主浴室中配有极可意的水流按摩浴缸。北楼5楼带露台的房间尤其具有江南园林风格，凉爽季节泡杯香茗在此小憩，分外惬意。

位于北楼4楼的OAKLEAF餐厅及酒吧是优雅和多用途的当代融合，其设计旨在满足每一个人的需求。其中央部位是极好的开放式厨房自助餐，为那些具有烹饪经验的食客提供可以吸引他们再次光临惠顾的不同体验。部分海鲜和面食类菜肴都在开放式厨房内制作，同时为食客们提供观赏之乐。此外，还设有两个私密房间，如果需要，可以用作主用餐区。餐厅软装结合江南特色，顶灯选用了仿宫廷式样圆灯，地毯则选用竹叶图案。

面积126平方米，位于北楼4楼的丽晶厅是最多可以容纳120人的多功能场地，还可以分成两个单独的房间来举办小型活动，天花板高3米。配套设施包括现代化的视听设备和会议必需品。OAK酒吧则位于南楼的3楼，设有独立酒柜。黄色大理石纹饰在此显得分外尊贵。

7层平面布置图　　14层平面布置图　　18层平面布置图

462·杭州奥克伍德国际酒店公寓 *Oakwood Residence Hangzhou*

单身公寓（45平方米）

单套间公寓（65平方米）

双套间公寓（95平方米）

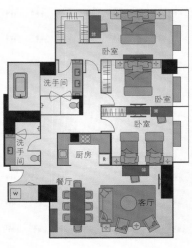

三套间公寓（138平方米）

酒店地址 / 17 ADB Avenue, Ortigas Center Pasig City 1600, Philippines

连锁品牌 / Oakwood Premier

客房数量 / 230间

配套设施 / 停车场、水疗、健身中心、儿童游乐区、
有水下音乐的游泳池、桑拿房、餐厅及酒吧、商业服务

Oakwood Premier Joy-Nostalg Center Manila

马尼拉Joy~Nostalg中心
奥克伍德豪景酒店公寓

位置：马尼拉

马尼拉Joy~Nolstalg中心奥克伍德豪景酒店公寓坐落在马尼拉国家首都区三大中央商务区之一——帕西格市的奥提加斯中心，毗邻Podium购物商场、洛佩兹艺术和历史博物馆、Serendra广场、菲律宾海军高尔夫俱乐部等。该酒店提供马尼拉5星级酒店住宿体验的同时，还兼具私人住宅的个性和独享性。

主题：微妙的奢华，同享酒店设施和现代居家的便利

酒店远看像是个巨大的彩色火柴盒，方正的外观，规整有序。低楼层区域为餐饮、会议等公共区域，看起来更整体。中高层区域被设置成客房，客人可以饱览城市景色，也呼吸到高层更纯净的空气。

融酒店式便利设施和现代化居家便利于一体的马尼拉Joy~Nolstalg中心奥克伍德豪景酒店公寓，其内饰古典而高雅——卓越品质、独享性和所有元素的配置中都体现着微妙的奢华，为旅客们提供休息和私密性住所的同时，还在安全可靠的环境中配备了一系列现代化的享受设施。

无论是短住还是长住，马尼拉Joy~Nolstalg中心奥克伍德豪景酒店公寓凭借一系列豪华设施成就了眼光独到的商务人士和休闲旅客的5星级居住体验。奥克伍德豪景的招牌餐厅Oakroom的多功能性体现在其休闲风格理念上：在观看区设有一台50英寸的高清电视，这里也兼备早餐厅。此外，还为非公开的商务会议提供私密空间，可以容纳6至12人。毗邻的Oakroom酒吧为结束一天的忙碌之后放松自己或者睡前啜饮一两杯提供了极品佳酿。

空间：用心打造客房和浴室

41至44平方米的行政套房公寓在紧凑的空间内提供了服务式住宅的所有便利，是单身旅客或情侣的理想选择。其空间比标准的酒店套房更大，而且配备了一系列增强功能。行政套房公寓在紧凑的

空间内提供了服务式住宅的所有便利，是单身旅客或情侣的理想选择。行政套房公寓在维持品质和舒适度的同时，最大限度地扩充了可用空间。

86至89平方米的一卧室公寓提供了类似于私人住宅的宽敞空间。每个一卧室都采用土色调，具有鲜明的设计特点，流露出低调的奢华和优雅。一卧室提供了类似于私人住宅的宽敞空间。高级一卧室的设计独特而现代化，其主卧和浴室由一道玻璃墙分开。其它的两个类别：豪华一卧室和行政一卧室，其主卧和浴室之间有一堵固体隔墙。它们的面积更大，配备放置洗衣柜的空间，而且既不是角落房间，也不会位于较高楼层。

位于23至28层的行政两卧室面积在131平方米，是情侣或四口之家的理想之选。行政两卧室公寓具有一卧室公寓的全部配置，此外，还有配备两张单人床的次卧、15寸的LCD电视和浴室。款待客人时，客厅和用餐区最多可以容纳六位客人。这类两卧室还具有空间更大的厨房和大容量冰箱。

182平方米的行政三卧室，就空间、灵活性和最大便利而言，这种行政三卧室公寓是下榻的首选。它们置身于24至28层的黄金楼层，可以一览马尼拉开阔的全景。就空间、灵活性和最大便利性而言，这种行政三卧室公寓是住宿的首选。其特色体现在，这类三卧室具有空间更大的厨房，而且可以在用餐区通过木框玻璃门将其隔开，尽可能的避免了油烟污染。它还配备单独的洗衣机和烘干机，以及额外的客人休息室。

值得一提的是，所有房型的主浴室中设有淋浴蒸汽和15寸防水纯平电视，有船舶形双槽浴缸和独立式浴缸。浸透和花洒淋浴、洗衣机和烘干机一应俱全。

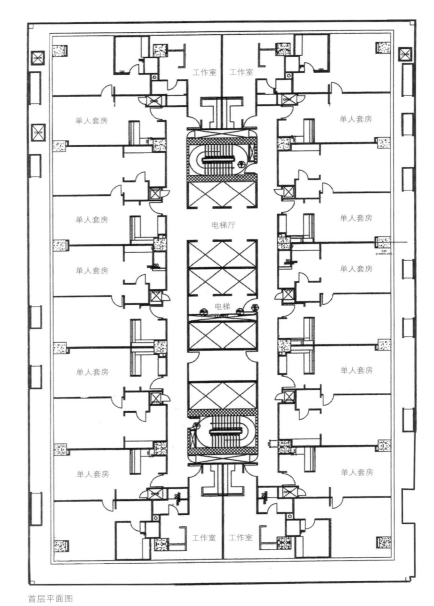

首层平面图

466 · 马尼拉Joy~Nostalg 中心奥克伍德豪景酒店公寓 *Oakwood Premier Joy-Nostalg Center Manila*

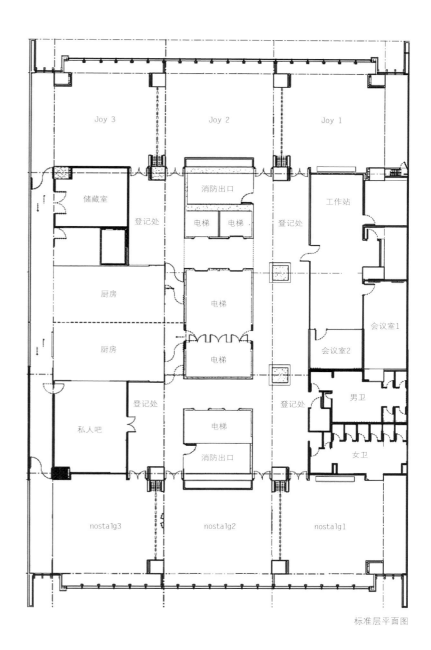

标准层平面图

Joy 3	Joy 2	Joy 1
储藏室	消防出口	工作站
登记处	电梯 电梯	登记处
厨房	电梯	
厨房	电梯	会议室1
		会议室2
私人吧	登记处	登记处 男卫
	电梯	女卫
	消防出口	
nostalg3	nostalg2	nostalg1

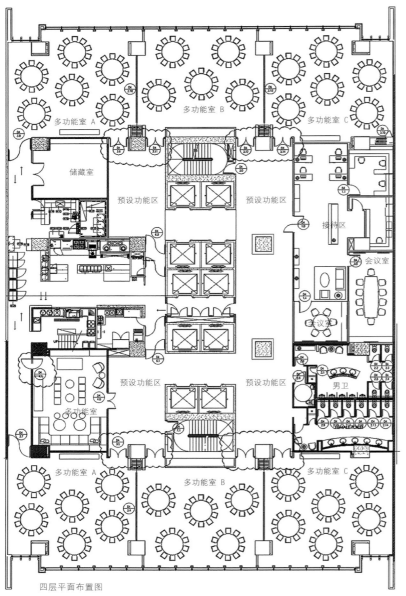

四层平面布置图

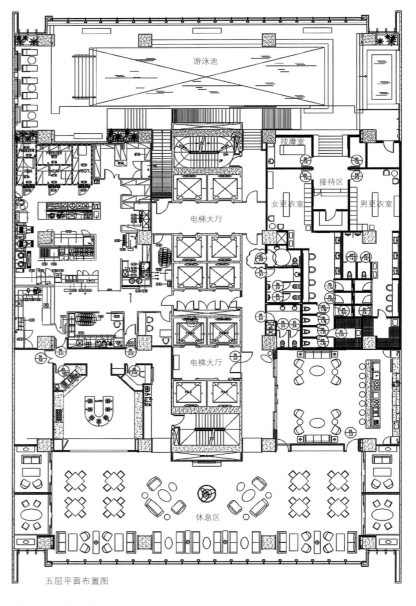

五层平面布置图

468 · 马尼拉Joy~Nostalg 中心奥克伍德豪景酒店公寓 *Oakwood Premier Joy-Nostalg Center Manila*

单人套间

标准套间

双人套间

三人套间

470

酒店地址 / 中国香港 坚尼地道9K
连锁品牌 / Oakwood Apartments
客房数量 / 24间
楼层总数 / 24层

Oakwood Apartments Mid Levels East Hong Kong

香港奥克伍德雅居服务公寓

位置：香港

该酒店是香港岛中心具有现代风格的家——香港奥克伍德雅居，是堪比香港时尚精品酒店的服务公寓。它坐落在独有的香港半山区，距金钟地铁站很近，步行可抵达太古广场诸多商业大楼。

主题：只有一种房型，一种选择

整个建筑都由一卧室公寓构成，每层仅设置一套一卧室公寓，不管白天还是黑夜都可以尽情浏览城市的全景。每套一卧室公寓都配备了可以让住户保持联系的现代化生活必需品，而且该酒店位于住宅专用区，能够让住户们在一天结束时获得平衡感。

公寓大小则取决于层面高度和所处的位置。一卧室面积为60至120平方米。顶层公寓则将居住体验带至新的高度，具有扩展的露天天台空间，可以鸟瞰城市和海港景致。这种一卧室公寓的所有配置都与其它一卧室公寓相同，但却具有处于顶层位置的优势。

空间：寸土寸金，高层搭建

酒店外立面被刷成白色，简洁、明亮，特别在夜晚，在灯光的映衬下和周围暗色调的建筑形成鲜明对比。在有限的地面空间中一冲而出，极富个性。

酒店没有豪华的大堂，因为这是在寸土寸金的香港。设计师更多的将空间让位于客房，因此前台只有一个简洁明快的接待区，用于办理住宿手续。香港奥克伍德提供24套设备齐全和配备完善的公寓，每层一套，可以一览中环、金钟和湾仔区的美景。这些公寓旨在为长期居住而设计，是那些想在独享的居住环境中享受现代化服务公寓基本舒适度的理想之选。

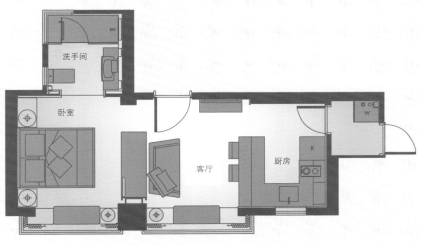

单套间公寓（60平方米）

酒店地址 / 81 Mundhwa, Koregaon Park Annex,Pune 411036, India

连锁品牌 / Oakwood Premier

客房数量 / 200间

配套设施 / 创世纪商业服务、停车场、儿童游乐区、健身中心、会议室、住户休息室、水疗、游泳池（户外）、娱乐区、网球场、壁球场

Oakwood Premier Pune

普纳奥克伍德豪景酒店公寓

位置：普纳

普纳奥克伍德豪景酒店坐落于高档戈雷冈公园区，周边有精品店、大型购物中心和商厦，地理位置非常优越，象征着郊区环境中的现代奢华和高级服务。

对于出差和休闲之旅或者融两者于一体的旅行，普纳奥克伍德豪景的战略性位置使其成为马哈拉施特拉邦第二大城市普纳的居住首选地。距普纳机场仅5公里，距普纳火车站则只有3公里，离主要的IT园和各种商业区也只有15公里，而且附近还有阿迦汗宫、Pataleshwar石窟、奥修静心度假村等旅游景点。

主题：重细节重软装的印度风格

日渐风行的印度装饰风潮在普纳奥克伍德豪景酒店得以体现。印度风格就像它的宗教一样，有种说不清道不明的神秘。它就像个调色盘，把奢华和颓废，绚烂和低调等情绪调成一种沉醉色，让人无法自拔。这样的独特让人沉迷留恋，需要设计师有很多本土生活经历和文化认同感。印度丰富的色彩和灵动的线条，造就了华丽的气质，这与时尚界热衷的复古运动和东方猎奇风——寻找极致的装饰性的诉求不谋而合。

为了迎合短住和长住、眼光独到的旅客的需求，普纳奥克伍德配置齐全、设备完善，兼有豪华酒店的特色和便利设施，专为那些在安全可靠的环境中寻求私密性、卓越服务和如家般舒适的旅客们而设计。印度风格的华丽基本都是靠软装饰来营造的，家具饰品都比较朴实。仔细推敲，家具很简约，也没有零七八碎的小东西，有的空间完全是靠色彩和热带植物营造气氛的。客房的格调轻松，用色自然。从浅淡的金色到深邃古铜色的基础色，设计师在统一中求变

化，结合了窗外鲜花绿树的美景，体现了良好的空间感和宁静致远的意境。

虽然印度风格善于使用色彩，但是印度家具却很朴实，印度家居的绚烂和华丽全靠软装饰来体现。总体效果看起来层次分明，有主有次，搭配得非常合适。印度家居和现在提倡的重装饰的装修理念对味，懂得用对比来营造氛围。它既不一味地追求奢华也不过分沉溺于暧昧，它代表了现在流行的沉静与热烈并存的新装饰艺术风格。印度家具以实木为主，大部分采用印度檀木，色泽漂亮，价格适中；高档的印度家具往往用玫瑰木，这种木材木质较硬，花纹特别精美。它传达出低调奢华的气质；印度家具还特别喜欢雕刻，但不及泰国家具喜欢精雕细刻，有种古拙的味道。

酒店浓墨重彩之处是公共餐饮空间。印度风格设计喜欢彩绘，图案丰富，画法细腻，类似于波斯的细密画，只不过手法粗犷些；譬如裙房局部外立面，设计师颇具匠心的手绘了灰色调的花草图案，夏日，在夜晚灯光的映射下，使这座原本固定而死板的酒店建筑变得异常灵动。

酒店的低层部分为空间规整的餐饮区域，而其上则是半弧形立面的健身空间，远看像个筒形，而在室内，弧度视角更能增强人的运动热情，故区别于其他方形外立面的造型。

摒弃了一些浮华，把耐看的元素沉淀下来，使其成为经典。总体来说，印度风是一种混搭风格，代表了一种氛围，在异国情调下享受极度舒适，它重细节和软装饰、喜欢通过对比达到强烈的效果。

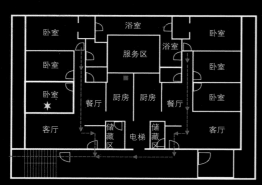

一层平面布置图

★ 您的位置
← 紧急通道
■ 灭火器
■ 消防栓

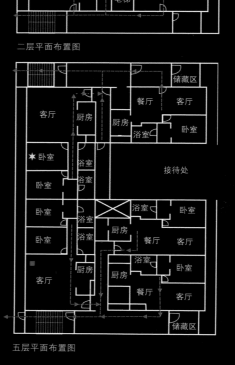

五层平面布置图

二层平面布置图

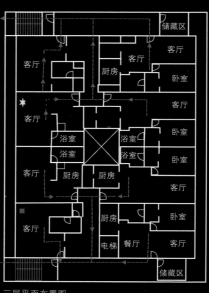

三层平面布置图

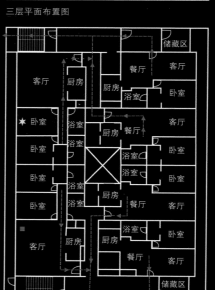

六层平面布置图

四层平面布置图

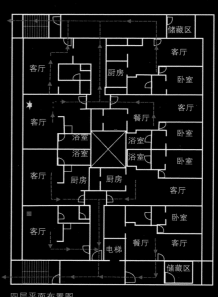

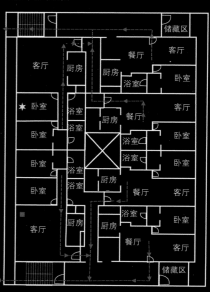

七层平面布置图

476·普纳奥克伍德豪景酒店公寓 *Oakwood Premier Pune*

空间：多元餐饮和居住空间，提升居住体验

小套房适合来去匆匆的高管人士。这些人具有繁忙的日程安排，但他们还是期望随时都可以方便地享受酒店里的所有便利。对于这些人而言，小套房住宅是理想之选。这种小套房住宅有两类：高级小套房和带花园的小套房。这两类小套房都比酒店套房宽敞得多，而且带花园的小套房通过郁郁葱葱的花园为住户们提供了宁静的居住环境。

一卧室堪称此酒店的精髓。优雅、宽敞而且具有多重功能，它可以确保住户们获得满意的居住体验，感受到如家般的舒适。这种住宅分为：高级一卧室和带花园的一卧室，两者具有同样的配置；后者还通过葱翠的花园带给住户们平静与放松。

两卧室再现了家庭住宅的居住环境，具有典雅的布置、舒适的空间和现代化的便利设施。这种住宅适合家庭居住，而且它的两个卧室都配有家庭影院系统和DVD，还有可供六人进餐的用餐区。由于带花园的两卧室开辟了一个配有迷人户外家具的私人花园，因而提升了住户的居住体验。

三卧室是随家人移居海外者长期居住或当地居民暂住的最佳选择。奢华、宽敞，配备现代化便利设施，主卧具有可供私人进餐的用餐区以及配有家庭影院系统和DVD的客厅。

这家酒店最吸引我的不是标准化的客房，而是众多特色餐厅。印度民族喜欢红色、金色。整齐排布的座位将空间最大化，且易于上菜

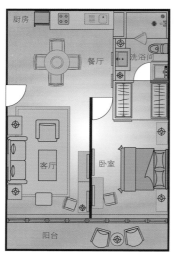

单人套房布置图

双人套房布置图

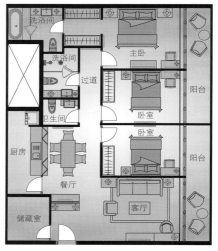

三人套房布置图

和其他管理。木头原色、透明玻璃、红色绒布构成了主要材质和用色基调。用多元素的音乐风格与轻松娱乐的环境打造独一无二的氛围，在DJ编织的激情、动感的旋律中，橡树酒廊提供多姿多彩的个性化服务，是您工作之余的最佳休闲场所。独具特色的吧台酒柜陈列着来自世界各地的多种酒水和威士忌。每晚11点后酒廊瞬间变为夜店，慵懒的侧卧在酒廊极富民族风的奢华沙发里，或在雪茄吧点上一支烟，寻找属于自己的天地。

The Bistro折射出现代生活充满激情的元素，这家餐厅供应富于创造力的融合类美食，品种繁多。互动式现场操作台供应家庭式披

萨和新鲜的肉酱面，展示的鲜肉和奶酪刺激着食客们的味蕾，总能吸人眼球。露天餐饮区是朋友聚会的绝佳之选，翻阅杂志，举办会议，或者呷一口咖啡查阅邮件……在这块安静的理想之地，举办非正式会议和茶歇也是不错的选择。

Sen5es餐厅及休息室营造了一种让您踏上世界美食之旅的进餐氛围。凭借高雅美学和俯瞰水池的壮丽景色，该餐厅提供精妙的进餐体验。客人可以在开放式厨房柜台或者主餐区进餐，同时可以欣赏忙于烹制美食的厨师。他们还可以选择在休息室或露台进餐，露台是小型聚会的完美场所。